5分钟搞定室内效果图

酷家乐

云设计完全学习手册

主 编 李 刚 副主编 冯 欣 吴振志

编 著 湛智华 苏沐言 杨 易 王满霞 钟兰峰

辽宁美术出版社

图书在版编目（ＣＩＰ）数据

酷家乐云设计完全学习手册 / 李刚主编. — 沈阳 ：
辽宁美术出版社，2017.7（2022.9重印）
（5分钟搞定室内效果图）
ISBN 978-7-5314-7684-9

Ⅰ. ①酷… Ⅱ. ①李… Ⅲ. ①室内装饰设计—计算机
辅助设计—应用软件—教材Ⅳ. ①TU238-39

中国版本图书馆CIP数据核字(2017)第173506号

出 版 者：辽宁美术出版社
地　　　址：沈阳市和平区民族北街29号　邮编：110001
发 行 者：辽宁美术出版社
印 刷 者：辽宁新华印务有限公司
开　　　本：889mm×1194mm　1/16
印　　　张：8
字　　　数：200千字
出版时间：2017年7月第1版
印刷时间：2022年9月第12次印刷
责任编辑：彭伟哲
版式设计：谭惠文
责任校对：薛　力
ISBN 978-7-5314-7684-9
定　　价：50.00元

邮购部电话：024-83833008
E-mail：lnmscbs@163.com
http://www.lnmscbs.com
图书如有印装质量问题请与出版部联系调换
出版部电话：024-23835227

前言 >>

目前，在国内室内设计行业中，不管是高等院校室内设计专业，还是室内设计培训学校，都将3DMax作为必学的效果图制作软件。此设计软件有很强大的功能，但缺点也很明显。例如，学习难度较大，学生较难深入掌握，学习时间跨度过长等。

实际上，大部分设计师在工作中更多的是从事设计而不是制图工作，设计师在前期学习培训的时候耗费大量的精力学习该软件，但工作后用到的机会不多，很多制图工作会由专业效果图公司完成。

但是在学习设计的过程中，又需要通过三维软件来实现设计表达，从而不得不用大量时间学习3DMax，这就出现学校教学与实际应用之间的矛盾。

酷家乐室内云设计工具就是在这个背景下产生的优秀的效果图制作软件，它集成国内大多数城市的楼盘平面图，提供多种一键装修的个性化套餐，拥有上千万个3D模型，以及国内家居建材行业顶级商家的真实素材，可以自选摄像机角度，即时渲染，真正做到学习难度较小、出图质量上乘，还可以一键生成720°动态旋转的全景效果。可以让你零基础5分钟快速做出专业的效果图。

这款软件真正解决了初学者在做好平面方案后不能及时解决效果图表现的问题。同时，也更有利于职业设计师与客户的沟通，提升设计效率，并且减少设计方与甲方之间因为效果图与实际效果不符而产生的矛盾。可以说，酷家乐这款设计工具，不仅可以作为高校设计教学的工具，也一定会成为室内设计公司的神器，在环境设计专业的发展中起到更大的作用。

本教程由上海工艺美术职业学院环艺学院与杭州酷家乐公司共同开发编写，编写的过程中得到酷家乐公司罗琨、刘姣、蒋启翔、阮雅茜、武芝慧、钟兰峰和德尚工作室谭娟、高自立两位同学的大力支持和帮助，在此一并致谢！

编委会

目录 Contents

_ 第六章　优秀方案 **093**

结语

第一章 户型工具

本章重点 》
1. 认识户型工具的操作界面。
2. 熟练掌握四种创建户型的方法。
3. 了解户型工具使用过程中要注意的关键点。

学习目标 》
通过本章的学习，了解酷家乐户型工具的基本方法和应用，熟悉户型工具的操作手法和应用界面，可以快速地完成画户型这个步骤，熟练使用户型工具时需要注意的使用方法。

建议学时 》
5学时。

第一章 户型工具

酷家乐户型工具是一款专业且高效的云端户型设计工具。学习简单，可迅速上手。该户型工具覆盖了全国90%的楼盘户型，可以通过户型搜索快速找到自己想要的户型图，也可以上传CAD户型图，经过酷家乐强大的CAD识别技术，精准读取户型，同时还支持JPG图片上传，进行临摹。更有强大的一键家具布置、测距、注释等简便实用的功能，让用户能更高效地设计平面户型布置图，更好地诠释自己的方案和想法，并可导出户型彩平图或CAD图纸留档。

第一节 认识户型工具

本节要点：认识户型工具的界面，了解户型工具的基本功能。（图1-1-1）

图1-1-1

1.户型界面介绍

（1）开始一个新的设计，首先要新建设计。打开酷家乐网站（www.kujiale.com），登陆自己的账号，点击右上角的"开始设计"。（图1-1-2）

（2）进入之后会有一个弹窗，提示四种创建户型的方式，我们选择其中第一个创建方法"自己画户型"。（图1-1-3）

（3）进入户型绘制的操作界面。界面的上侧和左侧是工具栏，让我们先来了解工具栏中一些主要的功能。（图1-1-4）

图1-1-2

图1-1-3

图1-1-4

界面的左侧红色区域是绘制工具。（图1-1-5）红框区域的下方是画户型时需要添加的门窗标识以及结构部件，如柱子、烟道、梁、门洞等。（图1-1-6）

界面上侧的红色区域工具栏主要是画户型过程中用到的一些基础功能，比如撤销、恢复、清空等。（图1-1-7）

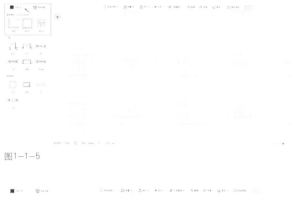

图1-1-5

图1-1-6

图1-1-7

知识点："户型翻转"功能可以实现户型的镜像效果。（图1-1-8）

图1-1-8

户型操作界面的下方，是很容易被大家忽略的部分，但是它的作用却非常关键，如果要修改户型的面积、层高以及绘制单位，都要在这里进行设置。（图1-1-9）

图1-1-9

知识点：点击下图红框中的标识，就可以修改相关数字，修改好以后一定要记得按"回车键"确定。在酷家乐工具中，凡是出现这种修改数字的情况都要按"回车键"确认。（图1-1-10）

图1-1-10

第二节　创建户型——自己画户型

本节要点：掌握"自己画户型"的方法，以及绘制过程中要学会的技巧。

"自己画户型"是户型创建中最常用也是最基础的一种方法，它简单易学，不需要任何其他的室内软件基础，就能够轻松画出你想要的户型图。

1.自己画户型——画墙

现在我们正式开始画户型。"自己画户型"只需要四个步骤。

第一步，绘制户型之前我们先做一些基础的设置。当我们在左侧工具栏选中"画墙"工具之后，会有一个绘制模式的选项，可以设置"墙中线""墙内线"绘制方式和墙的厚度。如果不习惯默认的绘制单位，可以在界面下方单位中进行调整。（图1-2-1）

图1-2-1

第二步，完成基础设置之后就可以开始绘制，单击鼠标左键设定起始点，再次单击确定终止点。在拖动鼠标的过程中，会出现一个黑色的尺寸框，这个时候可以直接在这黑框中输入想要的数值并按下"回车键"，画出相应尺寸的墙体。如果要取消绘制就单击鼠标右键，如果要退出画墙工具就再点击一下右键。所以为了便于记忆，一个小口诀"两下左键，两下右键"可以让我们快速掌握画墙工具。（图1-2-2）

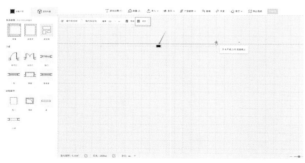

图1-2-2

操作过程中如果看到浅蓝色的直线表示辅助线，可以帮助我们确定准确的位置。（图1-2-3）

吸附辅助：酷家乐提供类似于ＣＡＤ中捕捉功能的"吸附"功能，可以自动吸附至墙体或关键点，帮助使用者更好地绘制。如果在绘制过程中，自动吸附影响到点的位置，可以一边按住"Ｃｔｒｌ"键临时解除吸附，一边找到点的位置点击鼠标确定。如果需要长时间解除吸附，可以通过上方的操作栏，点击吸附的开关来关闭或打开吸附辅助。

正交辅助：酷家乐提供的"正交"模式，可让使用者在绘制横平竖直的墙体时更加简便，只需通过上方操作栏勾选该模式来启用正交功能，开启后，只能绘制水平和竖直方向的墙体。当然，也可以通过"F8"或"Ctrl+L"来开启或关闭该功能。

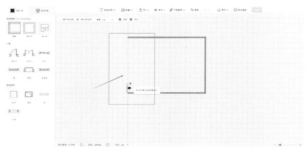

图1-2-3

如果选择了"墙内线绘制"，那么墙体会出现在所绘制的线条的左侧方向，在绘制的过程中会直接出现蓝色的线框代表墙体。（图1-2-4）

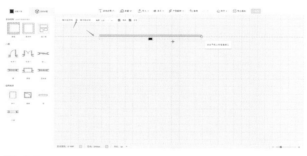

图1-2-4

如果需要更改"墙中线"或"墙内线"的不同尺寸线的查看方式，可以直接在上方显示菜单中找到"尺寸线"，选择相对应的选项。（图1-2-5）

第三步，当绘制的墙体合成一个空间之后就自动形成房间。即使是异形的空间也没问题。（图1-2-6）

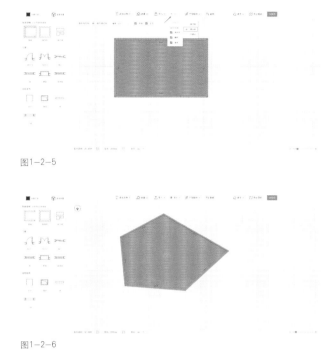

图1-2-5

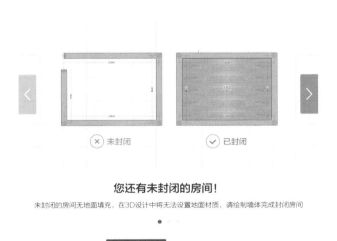

图1-2-6

知识点：有一个非常关键的技巧，绘制户型时一定要注意空间是否闭合，如果空间中出现了地面材质，说明已经闭合，如果没有，那么需要仔细检查墙体。因为在空间不闭合的情况下，会影响之后的操作。（图1-2-7）

同时，有个小技巧可以帮助使用者快速找到哪

里没有封闭。一般情况下，封闭的墙体都会有两个端点，如果某段墙体有一端没有封闭，则其没封闭的端点会显示为黄色的空心小圆圈，如果这面墙体旁边也没有地面的材质，则说明这段墙体是导致整个房间没有封闭的原因，只需将其与附近的墙体连接即可。（图1-2-8）

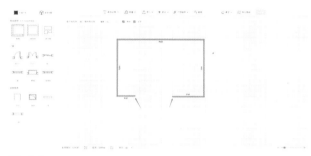

图1-2-8

第四步：如果房间画完之后不满意，可以直接拖拽端点进行调整。（图1-2-9）

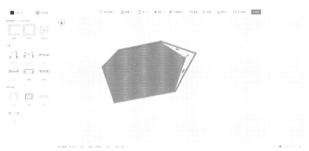

图1-2-9

或者拖拽墙体，可以随心所欲地改变房间大小。（图1-2-10）

图1-2-10

图1-2-7

2. 自己画户型——画房间

接下来我们使用"画房间"工具，同样，当我们选中"画房间"工具时，也会有一个设置对话框，但是只有墙体厚度的设置，而没有绘制模式的选择。（图1-2-11）

图1-2-11

操作也同样是单击鼠标左键确定起始点，再次点击确定终止点，与"画墙"不同的是，"画房间"直接画出来的是一个矩形区域，在移动的过程中，可以看到矩形空间的详细尺寸参数，但是在此过程中无法直接通过尺寸输入确认房间绘制。（图1-2-12）

图1-2-12

当房间画完之后，如果要调整某段墙体的长度，则需要选中所要移动的相邻墙体，就能观察到目标墙体上的尺寸框解锁为可以输入尺寸的状态。（图1-2-13）

3. 调整墙体方法

除了上述调整墙体长度的方式之外，鼠标左键单击墙体就能看到如图所示的对话框，但是如果不是自由的墙体（两端都被固定的墙体），就没有办法通过这种方式调节长度，需要用上述的方式才可以调节。（图1-2-14）

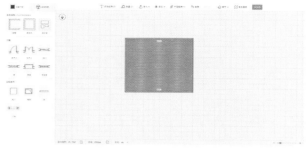

图1-2-13

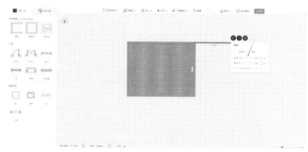

图1-2-14

如果需要调整墙体的高度，直接在界面下方找到"层高"的编辑选项，默认状态下所有墙体的高度都等同于户型层高。（图1-2-15）

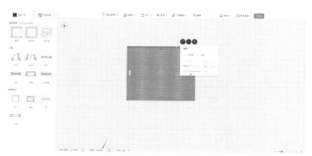

图1-2-15

如果需要单独调整某一堵墙的高度，可以直接将目标墙体设置成"矮墙"，然后就可以随意地调节墙体高度（不能超过户型层高）。设置为"矮墙"的墙体会显示成白色。（图1-2-16）

如果考虑墙体的结构，需要设置"承重墙"，在对话框中勾选"承重墙"选项。设置为"承重墙"的墙体会显示成黑色。（图1-2-17）

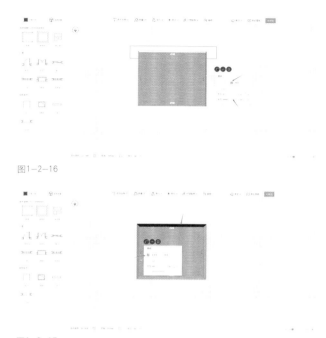

图1-2-16

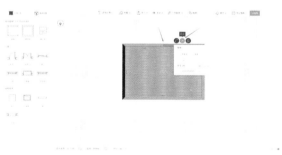

图1-2-17

很多时候"承重墙"并不是整堵墙都是承重结构，而是只有其中一部分，或者同一面墙体厚度不同，那么我们可以选择对话框上方第二个按钮"拆分"将墙体分成两部分，通过鼠标拖动可以调节拆分点的位置，也可以通过设置被拆分的两段墙体的长度尺寸，从而确定拆分点的位置。（图1-2-18）

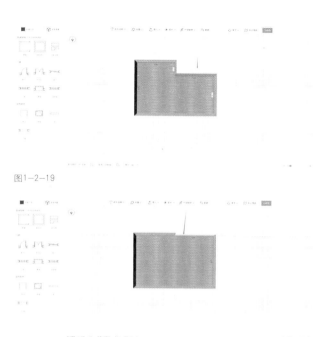

图1-2-18

拆分的墙体也可以通过鼠标直接拖动快速做出房间变化。（图1-2-19）

设置拆分点两边墙体为不同厚度后，默认是按照墙中线对齐。此时可以通过拖动其中的一面墙体，让不同厚度的墙体按墙面对齐。（图1-2-20）

图1-2-19

图1-2-20

如果需要取消拆分点，若拆分点两侧的墙体厚度相同，且按墙中线对齐，则通过双击鼠标左键就可以删除。（图1-2-21）

图1-2-21

如果需要弧形墙体，不需要直接绘制，点击对话框上方第一个"曲线"按钮就可将直线墙体转化成弧形。（图1-2-22）然后可以通过端点调整弧形墙体的方向和弧度。（图1-2-23）

如果需要将弧形墙体恢复，再次单击"曲线"按钮就可以恢复直墙。（图1-2-24）如果有拆除墙体的需要，就直接点击对话框上方最后一个小垃圾桶（快捷键Delete）。（图1-2-25）

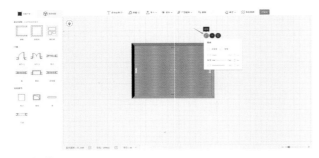

图1-2-22

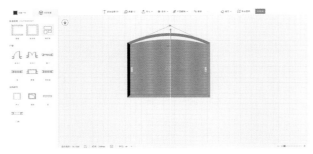

图1-2-23

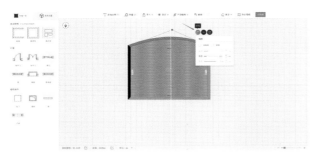

图1-2-24

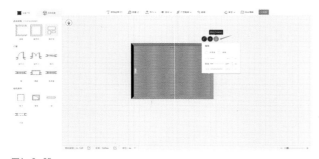

图1-2-25

删除一堵墙体之后，如果空间不再闭合就会失去地面，如果闭合就会重新生成新的房间。（图1-2-26）

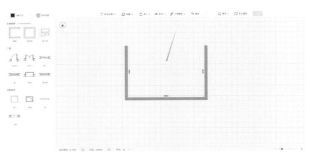

图1-2-26

4.空间属性设置

当房间都画完之后，需要对房间进行命名操作，直接在房间中任何区域点击鼠标左键，会弹出如下图所示的窗口。（图1-2-27）

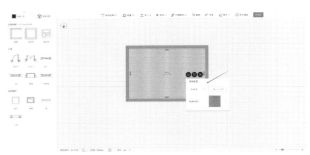

图1-2-27

点击"未命名"标签，在下方的选项中挑选需要的房间功能，如果没有合适的选择，可以直接选择"自定义"自己命名。（图1-2-28）

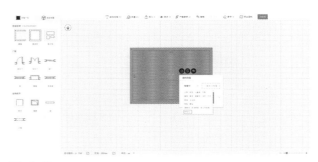

图1-2-28

知识点：画完空间后一定要确定好每个空间的命名，这样后期在全景漫游的时候才会正确显示每个空间的名字。否则空间名字都是"未命名"。

除了房间的命名之外，还可以设置房间的地面材质，选择地板还是地砖，都可以在"地面材质"区域选择。（图1-2-29）

图1-2-29

5.一键自动布置

在命名完房间名称之后，可以使用"一键自动布置"功能智能设计，酷家乐会根据房间的功能、面积和门窗位置随机地做出布置。（图1-2-30）

图1-2-30

如果对之前的布置不满意，可以直接点击对话框上方的第一个按钮"清空家具"，将房间内的家具都清空。（图1-2-31）

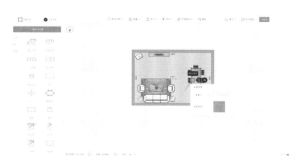

图1-2-31

选中家具模型，还可以做一系列的调整，比如翻转、复制等，只要把鼠标移到对话框上方的图标，就会有文字提示这些标识的意思。（图1-2-32）

图1-2-32

如果不希望显示房间名称，则可以选择对话框上方的第三个"隐藏/显示房间名"按钮，对房间名称进行显示或者隐藏的设置。（图1-2-33）

图1-2-33

在选中房间的状态下点击"删除"按钮会将整个房间删除，而不是之前所展示的只删除某一段墙体。（图1-2-34）

图1-2-34

6.空间结构组件摆放

房间设置完毕之后，需要开始放置门窗等结构部

件。比如添加"单开门"，只需从左侧工具栏中拖动一扇门到想要放置的位置即可。（图1-2-35）

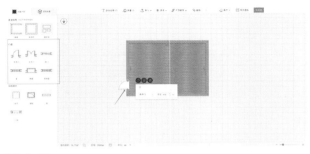

图1-2-35

如果需要调整开门方向，单击"单开门"模块之后，选择对话框上方第一个"旋转"按钮可以对开门方向进行调整。（图1-2-36）

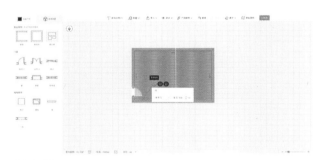

图1-2-36

如果需要对门的属性做调整，单击之后拖拽门两端的端点或者在"宽度"属性中直接输入尺寸都可以做大小调整，在"单开门"标签里面可以调整门的属性，比如可以改成"双开门"或者"移门"。（图1-2-37）

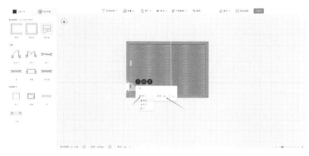

图1-2-37

移动的时候可以通过两端的尺寸线确定门的具体位置。同时门距离两侧墙体的距离，也可通过直接输入来确定其精确的尺寸。（图1-2-38）

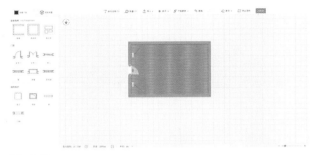

图1-2-38

"复制"按钮（快捷键Ctrl+C）会复制出一个尺寸和类型完全一样的模块，但是开门方向需要单独设定。（图1-2-39）

图1-2-39

"删除"按钮（快捷键Delete）可直接将不需要的门进行删除。（图1-2-40）

图1-2-40

窗的操作和门的操作类似，也是直接拖动需要的模块，或直接输入距离两边墙体的尺寸到想要的位置。（图1-2-41）

图1-2-41

柱子、烟道、梁、门洞等"结构部件"的操作都是一样，拖动到想要的位置，大小的调整通过对话框内的尺寸输入或者端点拉伸调整来完成。（图1-2-42）

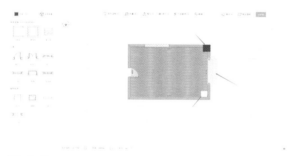

图1-2-42

知识点：户型工具里的柱子和梁都是房屋结构上的，不能在上面做二次设计，所以如果空间中有装饰性的柱子或者梁，建议用硬装工具中的墙面或者吊顶工具来完成。

门洞稍稍有点特殊，除了常规的调整之外，还可以设置门洞拱高，以此模拟拱形门洞。（图1-2-43）

图1-2-43

7.自己画户型实例操作视频

扫一扫二维码，观看"自己画户型"实例操作视频。（图1-2-44）

图1-2-44

附：户型工具快捷键示意图。（图1-2-45）

图1-2-45

第三节 创建户型——导入CAD文件

本节要点：掌握如何通过已有的CAD图来导入酷家乐户型工具。

导入CAD可以极大地提高设计的效率，避免重复劳动。酷家乐一直在不断优化云设计工具，并创造性地推出了魔棒工具，让绘制户型图更加简单、便捷、高效。（图1-3-1）

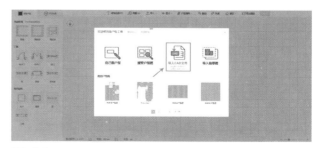

图1-3-1

1.导入CAD文件

点击"导入ＣＡＤ文件"功能键之后，进入文件选择界面，选择需要导入的ＣＡＤ文件，现在支持两种格式：a.dwg格式，文件大小不超过5M；b.dxf格式，文件大小不超过10M。如果超过限定的大小，就无法成功读取该CAD文件。（图1-3-2）

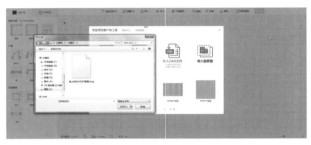

图1-3-2

知识点：如果文件大小超过要求，请剔除软装ＣＡＤ块，例如：沙发、茶几、柜子、灯等。（图1-3-3）

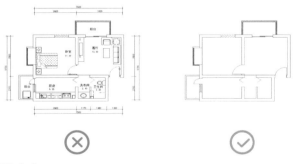

图1-3-3

按照系统的提示选择文件之后，系统会有一个短暂的识别过程。（图1-3-4）

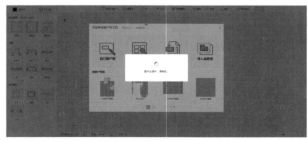

图1-3-4

识别完成之后，识别成功的墙体显示为灰色线条，和画墙时的墙体颜色一样，门窗也会放在相应的位置。（图1-3-5）

图1-3-5

2.调整CAD户型

ＣＡＤ原图转化成为一张图片的临摹图衬在下方，方便我们把不能识别的部分在此基础上手动绘制完全。也可以借助"魔棒工具"来点击识别部分不能识别的墙体。同时，可通过调整"墙体透明度"来让底图更加明显，以便进行对比。（图1-3-6）

图1-3-6

在不画墙的时候移动画布，底图会在移动时消失，松开鼠标底图又会出现，这是为了更加方便地查看绘制墙体的情况。绘制完成后，建议点击去掉"显示ＣＡＤ图"的勾选，这样能更加方便地看清楚哪里的房间没有封闭，以便补充完整。（图1-3-7）

知识点：建议完善未封闭的空间，否则系统最后会提示是否忽略。（图1-3-8）

3.第二个导入CAD入口

在初始"欢迎使用画户型工具"界面中点击"自己画户型"。（图1-3-9）然后在工具栏点击"导

入",继续点击"导入CAD"即可。(图1-3-10)

知识点:绘制界面有内容的情况下,"导入CAD"时提示会清空,是否继续。

图1-3-7

您还有未封闭的房间!

未封闭的房间无地面填充,在3D设计中将无法设置地面材质,请绘制墙体完成封闭房间

图1-3-8

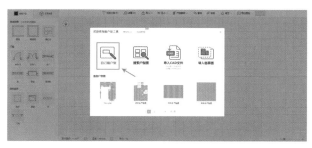

图1-3-9

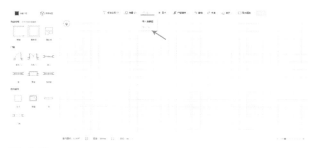

图1-3-10

4.导入CAD文件实例操作视频

扫一扫二维码,观看"导入CAD文件"实例操作视频。(图1-3-11)

图1-3-11

第四节 创建户型——导入临摹图

本节要点:掌握如何依据户型平面图片来快速创建户型,提高工作效率。

在没有CAD文件等情况下,用户仅依据楼盘户型图等图片来设计。"导入临摹图"正好满足这类需求,用户不用再烦琐、低效地绘制CAD,凭借酷家乐强大的云设计工具,用户可以简单快速地描绘墙体、拖拽家具、门窗即可完成绘制,十分高效。(图1-4-1)

图1-4-1

1.上传临摹图片

点击"导入临摹图"功能键,选择一张户型图片,单击确定。常见的JPG、PNG等图片格式都支持导入。(图1-4-2)

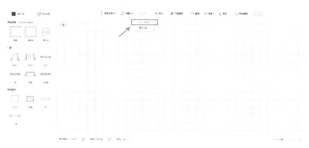

图1-4-2

导入成功，会自动进入设置比例尺的模式，需要在图上选择一段已知长度的距离，设置为实际的尺寸即可。

知识点：如需修改默认单位，请点击界面下方的"单位"。

2.设置比例尺

鼠标单击界面右下角面板中的"设置比例尺"按钮即可。在图中设置比例尺时，需要点击确定比例尺的两个端点，此时会有"放大镜"功能辅助对准点的精确位置。期间若需退出比例尺设置，则单击鼠标右键即可。（图1-4-3）

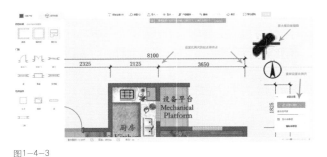

图1-4-3

3.移动画布

需先画出一条已知长度的线段。绘制过程中如果需要移动画布，只需按住鼠标的右键不松开，拖动画布到需要的位置即可，点击鼠标左键确定比例尺端点的位置开始绘制，画完后，输入所画线段的真实长度，并且点击"确定"。

注意，这里比例尺的尺寸单位，与设置的默认单位一致，不要设置错。绘制错误了也没有关系，界面底部有"单位"设置。（图1-4-4）

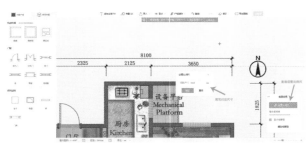

图1-4-4

系统迅速缩放之后，比例尺就算设定完毕了，然后可以通过"画墙"或"画房间"，根据设定好的比例尺图片进行临摹了，可以发现临摹的墙体长度和真实长度非常接近。（图1-4-5）

知识点：如果不想"正交"绘制墙体，可以在绘制时同时按下"Ctrl"快捷键。

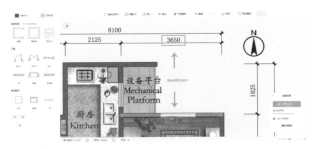

图1-4-5

完成所有墙体之后，用前文介绍的操作方式设置承重墙、矮墙，添加门窗和设置层高。（图1-4-6）

最后设定好房间名称，一个户型的临摹，就全部完成了。

图1-4-6

4.导入临摹图实例操作视频

扫一扫二维码，观看"导入临摹图"实例操作视频。（图1-4-7）

图1-4-7

第二章 DIY装修工具

本章重点 》
1. 认识酷家乐DIY基本工具的功能。
2. 熟练掌握空间摆放模型的操作方法和使用技巧。
3. 掌握一键匹配样板间功能。
4. 熟练掌握渲染技巧。

学习目标 》
通过本章的学习，会发现很多隐藏的功能和特性，这些技巧对学习后面的章节和掌握更高阶段的功能使用大有裨益。熟练使用基本工具，能够帮助用户更快速地掌握整个云设计软件的操作，提高学习效率，在学习过程中请务必配合大量的实际操作练习。

建议学时 》
10学时。

第二章　DIY装修工具

DIY装修工具是酷家乐云设计工具最核心的部分，也是全屋定制、全屋硬装等高级工具的枢纽。在这里，设计师可以自由地发挥自己的设计创意，灵活搭配空间，并通过快速渲染功能表达自己的方案。相较于同类的软件，酷家乐DIY装修工具操作简单，容易学习，对那些软件新手或者非专业人士也可以快速掌握，节省大量的学习成本。在DIY装修工具里，用户不需要花费大量的精力去建模，因为软件集合了数百万的成品家具、灯具、硬装等模型素材，并且还有数十万可落地的真实品牌模型，实现所见即所得。同时，为了进一步提升设计构思和表达的效率，软件甄选平台上优秀的设计方案，通过样板间自动匹配功能将这些好的方案一键应用到用户的空间，此外，DIY装修工具拥有全球出图速度最快的云渲染引擎，能够在短短10秒钟内渲染出高清逼真的效果图。

第一节　认识DIY装修工具

当用户创建好户型后，可以点击界面右上角的"3D装修"，进入DIY装修工具中。（图2-1-1）

图2-1-1

1.模型库

进入DIY装修工具后，需要了解一下操作界面。界面左侧就是酷家乐云设计庞大的"模型库"和"样板间"，做方案的时候有上百万的模型供用户挑选，而且"模型库"也根据家具类型做了分类，方便用户快速找到想要的模型，同时也有搜索功能，可以在模型库上方的搜索栏中输入模型关键词来找模型。（图2-1-2）

图2-1-2

用户平时收藏或者上传的模型，都会在模型库"我的"分类中，而且在制作方案过程中，模型的使用记录也在这里有显示，不用担心删除模型后找不到的问题。（图2-1-3）

图2-1-3

知识点：当用户在找模型的过程中，遇到好看的模型，一定要养成收藏的习惯，这会对设计带来很多便利。每个模型的图示左上方有一个五角星的标志，只要点击这里就可以收藏模型。收藏过的模型都会出现在"我的收藏"里。（图2-1-4）

"模型库"中的"品牌专区"，是专门用来展示入驻品牌的真实商品模型，这些模型都可以在线上或者线下购买，可以让用户的方案实现所见即所得。（图2-1-5）

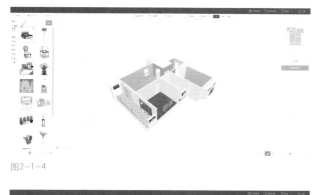

图2-1-4

图2-1-5

点击模型详情，有该模型商品的具体信息、价格，点击下方橙色的价格按钮，可以直接跳转到购买页面。（图2-1-6）

图2-1-6

2.样板间

"模型库"左边的"样板间"里有系统提供的优秀方案，可以一键应用到用户的方案中。选中"样板间"功能，会出现"房间功能"和"风格"标签，方便选择想要样板间类型。系统会根据用户选择的房间的命名，自动为用户过滤出适用于该房间的所有样板间，若房间未命名或自定义，需要用户手动选择一下

房间。点击图中蓝色的"应用"键就可以把这个样板间一键匹配到用户创建的空间中，对那些新人来说是一个非常实用的功能。（图2-1-7）

图2-1-7

3.工具栏

界面的上方是基础的工具栏，如果用户想回到户型工具，就点击第一个"修改户型"，如果对设计不满可以点"清空"一键删除。红箭头指的地方是切换户型视角的，这个在做方案的过程中会频繁用到，所以大家要重视。（图2-1-8）

图2-1-8

"工具箱"是全屋定制、全屋硬装等工具的入口。（图2-1-9）

图2-1-9

4.户型导航

"户型导航"可以选择户型空间，在户型导航图中，可选某一个房间进行设计。（图2-1-10）

图2-1-10

因为在全屋状态下进行操作不是太便捷，所以选择单空间，更有利于方案的设计。（图2-1-11）

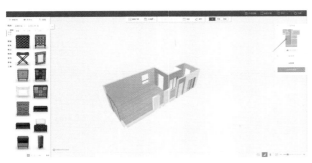

图2-1-11

5.户型设计区域

画面的中间是创建的户型，用户可以根据需求改变视图，也可以通过鼠标左键进行旋转，鼠标右键移动画面，鼠标中间的滚轮进行缩放。（图2-1-12）

图2-1-12

6.渲染区域

这是效果图的渲染和展示区域，从这里进入渲染工具内，所有渲染完成的效果图都在这里查看和展示。（图2-1-13）

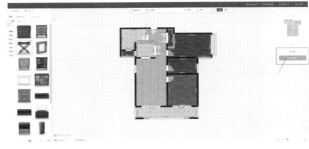

图2-1-13

7.鸟瞰和漫游

操作界面左下方的位置可以切换"鸟瞰"和"漫游"两种视图，选择"鸟瞰"，以俯视的角度对整个户型进行设计，选择"漫游"，以第一人的视角，沉浸在户型当中进行漫游体验和设计。（图2-1-14）

图2-1-14

漫游状态下是，让用户仿佛置身于这个空间中。（图2-1-15）

图2-1-15

鸟瞰图的效果，能够更全面地看到空间的布局。（图2-1-16）

图2-1-16

第二节　模型摆放

模型是整体方案的核心，做方案最重要的环节就是模型搭配，所以必须要熟练掌握模型摆放的技巧。

1.如何替换门窗模型

开始设计一个方案的时候，我们可以根据方案风格，先把默认的门窗替换。门窗替换必须在3D视图下进行，门窗模型有点特殊，必须要用新模型替换原先的。这些和建筑结构相关的模型都在"硬装"分类中。门窗的模型也有很多种，根据具体情况选择相应的分类。（图2-2-1）

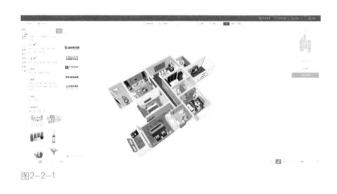

图2-2-1

选中门的模型按住鼠标左键，然后拖动模型到想要替换的门的位置，出现"替换一扇门"的字样后，放开鼠标左键，就替换成功了。（图2-2-2、图2-2-3）

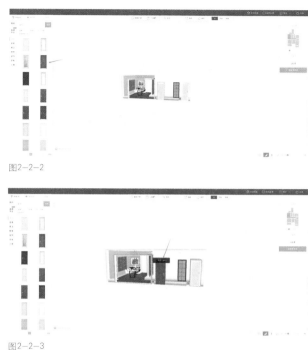

图2-2-2

图2-2-3

窗也是同样的操作，选中窗的模型，拖动模型到要更换的位置上，就替换成功了。（图2-2-4）

图2-2-4

要替换飘窗模型，一定要先在户型工具里放上飘窗的构件，然后才能在DIY装修工具中进行飘窗替换。（图2-2-5、图2-2-6）

替换好以后，可以根据设计要求对门窗尺寸进行调整。选中要调整的门窗模型，这个时候界面左边就会出一个修改框，可以调整门窗模型的宽度、高度、厚度、离地高度等。用户可以直接用鼠标拖动小圆点进行调整，也可以直接在后面数据框里输入想要的数值，输入数字后按"回车键"确认。（图2-2-7）

图2-2-5

图2-2-6

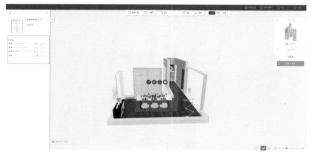

图2-2-7

2.如何在墙、顶、地界面加材质和模型

墙面、地面、顶面是空间最重要的组成元素，也是设计的重点，所以必须要熟练对墙、顶、地面进行装修设计。虽然现在已经有了全屋硬装工具，但是在一些硬装相对简单的空间里，可以直接在DIY装修工具中完成装修。操作方法非常简单，首先在模型库的"硬装"分类里找到墙面、地面、顶面相关的模型。（图2-2-8）

a.给地面铺地板或者地砖

如果要给地面铺上地板，就选中一款地板贴图，按住鼠标左键直接拖动到某一个空间中，放开鼠标就

可以了，空间中出现的蓝色线框是代表了地板所铺设的范围。（图2-2-9）

图2-2-8

图2-2-9

如果用户对地板的铺设方向不满意，可以点击地面，会出现几个小图标，选中左边第二个，箭头指向的这个图标就可以旋转地板的铺设方向。（图2-2-10）

图2-2-10

如果用户想在其他空间也铺一样的地板，那么就可以点击红箭头指向的"复制图标"，把地板一一放到其他空间即可。地砖也是一样的操作方法。如果地

面比较复杂，那么就去全屋硬装里的地面工具进行操作，在第三章中会讲到。（图2-2-11）

图2-2-11

b.在顶面上放模型

顶面上的模型主要是吊顶和灯具，吊顶我们强烈推荐用吊顶工具画，在第三章中会详细讲述，但是如果不想自己画吊顶，那在模型里也有现成的吊顶模型可以使用。首先，把户型视图切到"顶面"模式。（图2-2-12）

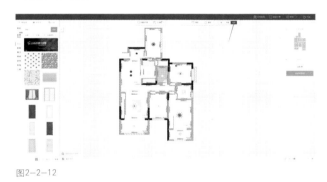

图2-2-12

然后在"户型导航"中选中要放吊顶的空间，接着就要在"模型库→硬装→吊顶"选择一个喜欢的吊顶模型，直接拖动到空间中。（图2-2-13）

图2-2-13

因为是模型，所以尺寸上不可能百分百适合这个空间，所以要对吊顶模型进行调整，这里有一个很简单的办法，只要选中模型，点击"自动匹配"的按钮就可以将吊顶合适地放在空间中。（图2-2-14）

图2-2-14

用户可以直接在模型上拖动箭头指向的地方来调整尺寸大小，也可以在界面左侧栏里调整。（图2-2-15）

图2-2-15

如果你要在顶面放灯，那就在"模型库→照明"中选择灯具模型，如吊灯、吸顶灯等。（图2-2-16）

图2-2-16

直接把选中的灯具模型拖动到相应的位置里，同时也可以对灯具的尺寸做调整。（图2-2-17）

图2-2-17

c.在墙面上放材质和模型

如果墙面没什么造型，比较简单，那就可以直接在这里完成设计，最简单的就是给墙面用墙漆或者墙纸。首先，把户型视图切换到"3D"状态下，然后在"模型库→硬装→墙面"中选择墙面材质。（图2-2-18）

图2-2-18

然后直接把材质拖动到空间中，系统默认是将材质铺满整个空间的墙体。如果要选择单面墙上材质，那就按住"Ctrl"键。墙布、墙纸、墙砖、木饰面板、踢脚线都是一样的操作。（图2-2-19、图2-2-20）

背景墙是墙面设计中的重点，在"模型库"里有数量非常多的背景墙模型，选中自己喜欢的，直接拖动到相应的墙面位置上，然后调整尺寸。蓝色的箭头是用来调整离地高度。（图2-2-21）

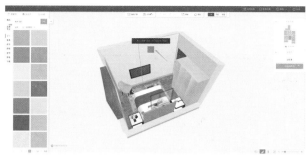

图2-2-19

图2-2-20

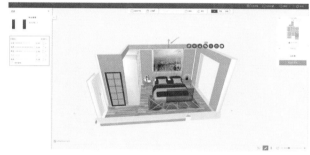

图2-2-21

如果想在墙面上放其他的装饰，比如"装饰画""挂件"，也是一样的操作方法。（图2-2-22）

图2-2-22

3.摆放家具的方法

家具通常占整个方案的三分之二，所以说掌握摆放家具的技巧就尤为重要了。家具的模型都在"模型库→家具"分类中，家具的种类也有详细的归类，几乎把所有的家具类型都包含了。（图2-2-23）

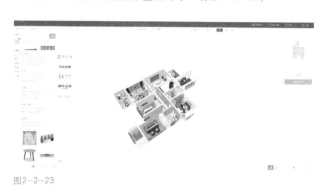

图2-2-23

摆放家具的操作非常简单，选中想要的家具直接拖动到空间中相应的位置即可，然后对家具的朝向进行调整，把正面朝外，选中家具后，界面左边是家具的属性调整区，用户可以做相应的改动。（图2-2-24）

图2-2-24

知识点：

（1）摆放家具的时候将户型切换到平面视图，这样更加直观地判断家具摆放是否合理。

（2）不建议调整家具模型的尺寸，因为这样容易让家具变形，如果必须要改变大小，那么在一个合理的范围内做等比缩放调整。

（3）如果模型摆放时和墙体或者周围的物件出现冲突，按住"Ctrl"键再移动，就可以解决了。

如果要把模型放在另一个模型上，可以用"叠放"功能来实现。模型拖动到另一个模型的上方，这时会出现一个蓝色的"叠放"按钮，点击确定。（图2-2-25）

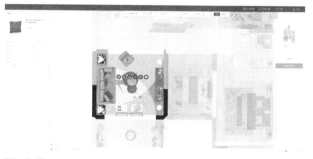

图2-2-25

4.模型相关的其他功能

当选中模型的时候会出现六个小图标，从左到右分别是复制、替换、翻转、收藏、删除和模型详情。（图2-2-26）

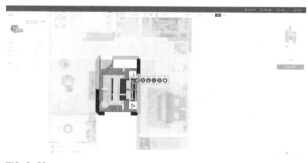

图2-2-26

a.模型替换

选中模型点击替换，这个时候左边的模型库就出现很多相似的模型，选中某一个模型按"替换"标识就可以了，这样可以省去找模型的时间，非常便捷，同时界面上方也会出现操作提示。（图2-2-27、图2-2-28）

b.模型翻转

模型翻转其实就是镜像功能，可以左右翻转模型。（图2-2-29、图2-2-30）

图2-2-27

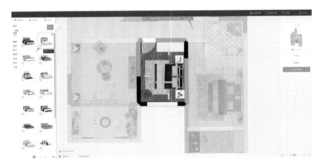

图2-2-28

图2-2-29

图2-2-30

c.模型详情

把鼠标移动到最后一个标识，就会弹出这个模型的具体信息。（图2-2-31）

图2-2-31

d.模型推荐

当选中一个模型时，界面左侧边栏的模型参数调整的下半部，会出现对应这个模型的"推荐搭配"。特别对新人来说，这个功能很实用，给用户搭配的参考，同时也提高找模型的效率。（图2-2-32）

图2-2-32

5.模型材质替换

"材质替换"功能可以改变模型的材质、颜色，可以更加自由地编辑模型。在"3D"视图下，选中模型就会出现"材质替换"的图标。（图2-2-33）

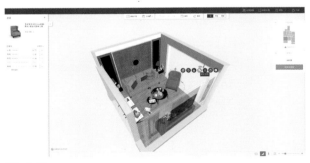

图2-2-33

点击进入"材质替换"操作界面之后，中间是被替换的3D模型，你可以按住鼠标左键，360°旋转模型，左侧有模型可选区域和可替换的材质库。（图2-2-34）

图2-2-34

除了通用材质库，软件还支持用户自主上传模型材质。（图2-2-35）

图2-2-35

点击"上传材质"后，弹出页面对上传材质的种类进行设计，然后选择一张电脑中的材质图片上传即可。（图2-2-36、图2-2-37）

图2-2-36

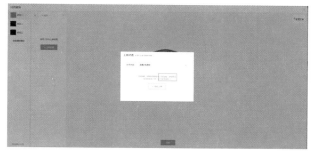

图2-2-37

点击不同的预设"部位"可以看到模型上有蓝色的选区，然后根据模型不同的部位，在材质库里选择想要替换的材质进行替换，用户可以用调色器来挑选喜欢的色彩，最后点击"完成"按钮就完成替换操作了。（图2-2-38、图2-2-39）

图2-2-38

图2-2-39

返回DIY装修工具里，看到材质已经被替换了。是不是比其他的模型编辑软件简单很多呢。不会3D Max软件也可以轻松搞定设计。（图2-2-40）

图2-2-40

扫一扫二维码，观看模型材质替换实例操作视频。（图2-2-41）

图2-2-41

6.模型组合

如果花时间搭配了一组特别棒的家具或者陈设，以后还想继续使用在其他空间，那么有个很实用的小技巧，就按住"Ctrl"键，把要组合的模型一一点中，然后点击"组合"图标。组合好以后建议收藏，这样该组合就会出现在"模型库→我的→家具组合"，方便下次使用。（图2-2-42、图2-2-43）

如果想解组，就选中这个模型组合，点击"解组合"就可以了。（图2-2-44）

设计师最担心的就是自己花了很多时间辛苦做的方案忘记保存，在酷家乐云设计工具中，完全不用担心这个问题，因为系统每过3分钟就会自动对用户的方

图2-2-42

图2-2-43

图2-2-44

案进行保存，哪怕遇到突然停电，或者电脑死机这种突发状况也不怕。

第三节　效果图渲染

当空间基本设计完以后，就要进入最关键的环节，渲染效果图来看最终的效果。在"户型导航"中，选中要渲染的房间，然后点击"渲染效果图"就可以进入效果图渲染界面。（图2-3-1）

图2-3-1

知识点：不建议在全屋状态下进行渲染，因为无法对灯光进行手动调整，而且在渲染时对相机的摆放也会带来一些不便。

1.认识渲染界面

在正式开始渲染前，在界面左边区域对效果图种类、相机设置、环境灯光、渲染效果做一些设置和选择。（图2-3-2）

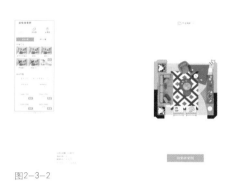

图2-3-2

2.效果图种类

酷家乐给用户提供了三种效果图种类:普通图、俯视图和全景图。（图2-3-3、图2-3-4）

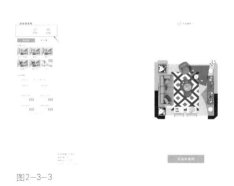

图2-3-3

普通图　　　　　俯视图　　　　　全景图

图2-3-4

3.渲染设置

这个步骤很关键，因为直接影响最后的效果，灯光是渲染效果的关键因素，所以首先要选择好灯光，为了提升设计效率，特别是对新手来说，一开始无法快速掌握灯光的原理，所以酷家乐为用户提供了5种默认灯光，推荐使用"自然光无偏色"，这个效果比较接近现实。如果你有一定的渲染灯光基础，那就可以进行手动打光，点击"自定义打光"就可以进入手动灯光的设置页面。（图2-3-5）

图2-3-5

在自定义灯光里，你可以保存白天和晚上两套灯光设置。（图2-3-6）

图2-3-6

自定义灯光的光源主要有三种：阳光、面光源和聚光灯。阳光是模拟自然的太阳光。面光源是方形的，主要是用来整体照明的。聚光灯是圆形的，主要是用来强调照明。每一种光源都有自己的特点，用户要根据空间的具体情况来使用。（图2-3-7）

图2-3-7

选中户型中的光源，可以对光源的亮度、颜色、面积大小、高度进行调整。（图2-3-8）

图2-3-8

如果空间中会出现几个相同的光源，那么就每设置好一个以后，直接点击复制就可以了。（图2-3-9）

图2-3-9

如果不满意这个灯光，可以选中灯光后点击"删除"标识，或者直接按"Delete"键删除。（图2-3-10）

图2-3-10

4.渲染效果

我们为用户提供了两种渲染效果，一种是"速度优先"，顾名思义就是快，几秒钟就能渲染出一张高清效果图。第二种是"效果优先"，虽然渲染速度比第一种稍慢，但是整体效果更加真实。同时，每一种效果，都提供了多种分辨率，1600×1200以上的都属于高清图，数值越大越高清。除了企业用户，个人设计师在渲染高清图时，都需要花费一定的酷币。所以建议大家一开始可以先渲染非高清的图，等效果满意后再升高清。（图2-3-11）效果对比图。（图2-3-12）

图2-3-11

速度优先　　　　　　　　效果优先

图2-3-12

5.相机设置

渲染效果设计好以后，还可以调整相机，点击"相机设置"，可以对相机的高度、角度、视野进行调整。（图2-3-13）

图2-3-13

调整好相机以后，要在户型中，将相机放在一个合理的位置，进行渲染。在红箭头指向的区域，按住鼠标左键可以左右转动相机。（图2-3-14）

图2-3-14

相机必须放置在房间内，如果在房间外，就无法进行渲染。（图2-3-15）

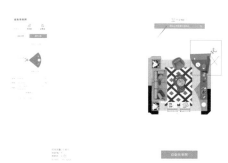

图2-3-15

6.开始渲染

一切准备好以后，可点击"效果图"下方的"渲染效果图"按钮，就可以开始渲染。这个时候会自动返回到DIY装修工具中，右侧渲染区域，会出现渲染进度。（图2-3-16）

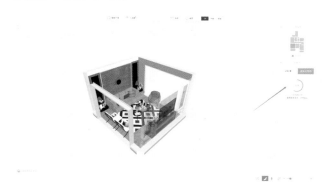

图2-3-16

7.效果图

渲染完成后就会显示效果图，如果你觉得这个图有点小，就直接点击界面右侧"效果图"下方的画面进入浏览效果图页面。（图2-3-17）

图2-3-17

在效果图浏览页面里，用户可以在左下方升级效果图的分辨率，如果不满意，可以在右下方点击"垃圾桶"的图标删除，如果觉得效果不错，就可以点击旁边的"下载"图标，保存到电脑上。（图2-3-18）

同样，在DIY装修工具的界面里，也可以做这些操作。只要将鼠标移动到"效果图"，就会在图的右侧出现三个小图标，最上面的是"升级"，中间的图标是"保存相机视角"，最下面的是"删除"。（图2-3-19）

图2-3-18

图2-3-19

8.保存相机视角

"保存相机视角"这个功能非常好用，因为每次渲染的时候调整相机的位置，会很麻烦，如果认为某个相机角度渲染出来的效果特别好，可以点击"保存相机视角"，那么这个渲染角度就会在渲染设置中的"历史相机"里。（图2-3-20）

只要点击"历史相机"里面的效果图，就可以让相机恢复到这张效果图的渲染位置。要记住这个功能，对渲染会有很大帮助。（图2-3-21）

图2-3-20

图2-3-21

9.生成全景漫游图

全景图其实就是一种会动的效果图，可以让你360°全方位地感受空间，比起普通效果图，全景图更直观，视觉冲击力也更大。全景漫游图就是把方案中每一个房间都渲染成全景图，然后再将这些全景图组合起来变成一个整体。让用户可以从一个房间穿越到另一个房间，这是一种非常有意思的体验，有一种身临其境的感觉。（图2-3-22）

图2-3-22

首先，在渲染设置里，选择全景图渲染。全景图相机的黄色部分所对的方向，就是这张全景图的起始位置，所以要挑选一个好看的部分作为起始。然后点击开始渲染就可以了。每一个空间都是这样的操作。（图2-3-23）

每个空间都渲染好以后，在渲染效果图的地方，点击任意一张全景图，进入效果图浏览页面。（图2-3-24）然后点击下方"生成3D全景漫游"的按钮进入全景漫游的生成页面。（图2-3-25）

图2-3-23

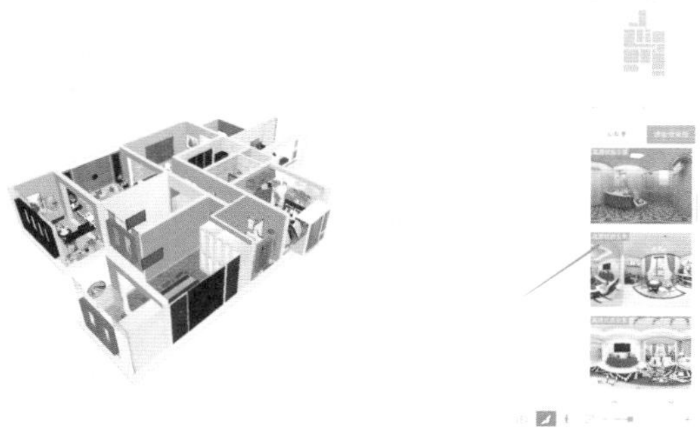

图2-3-24

图2-3-26

图2-3-27

图2-3-25

进入页面后，会看到每个空间的全景图都在这里，把需要的全景图都打钩，界面右边红框内是一个"导航"，提示用户空间有没有被选中，这个功能对房间多的方案非常有帮助。勾选好以后再挑选一张作为全景漫游的起始点。（图2-3-26）

最后点击下方的"一键生成3D全景漫游"按钮，一个完整的全景漫游就完成了。（图2-3-27）点击中间的播放键就可以欣赏360°全景漫游了。（图2-3-28）在全景图里，点击那些标有空间名字的白色箭头就可以进入这个空间。（图2-3-29）

图2-3-28

图2-3-29

也可以把全景图分享给朋友或者客户。每一张全景漫游图都会有一个对应的二维码，点击全景图右下方的"扫二维码"便出现了，然后拿出手机，用微信扫一扫，这个全景图就到手机上了，可以分享到朋友圈，也可以分享给朋友。在手机上，还可以结合VR眼镜来观看全景漫游，效果更加真实。（图2-3-30）

图2-3-30

第四节　渲染打光技巧

渲染效果图最难的部分应该就是灯光设置，其实，只要掌握了灯光的规律，就可以渲染出非常棒的效果图，接下来学习如何打出好看的灯光。重点说明这里所说的灯光技巧是特指"效果优先"中的自定义灯光设置。先进入"自定义灯光设置"页面中，系统会提供几个默认的光源，可以根据情况保留或者删除。（图2-4-1）

1.光源特点

接下来了解一下几个光源的特点。

平面光（图2-4-2）

平面光的作用是照亮整个空间，它的大小决定了光的强度。在使用平面光源的时候要注意以下几点。

a.平面光的面积不要太大，一般不要超过空间的三分之二大小。如果只是作为辅助光源，面积可以更小。

b.平面光的光值不要太强，容易出现曝光。如果平面光作为主光源，那么光值一般在320—350左右。如果是作为辅助光源，那么光值就在200—260之间。

c.平面光的颜色可以偏暖一些，但是不要过于暖，因为会影响模型的真实色彩。

d.在效果优先里，平面光不要选择"双面光"。

e.平面光的高度根据吊顶的离地来定，如果吊顶离地2.6米，那么平面光的高度就定在2.5米，比吊顶低0.1米。

f.平面光的位置不要太接近墙体，这样容易在墙面上出现非常明显的黑影效果。

图2-4-1

图2-4-2

太阳光（图2-4-3）

太阳光可以透过窗户照射到室内并且起照明作用，投射的阴影，从窗户开始反弹衰弱。

在使用太阳光的时候，亮度选择默认就可以，太高的阳光容易让模型失真。角度可以根据需要来调整。阳光的角度越高，越接近正午。

图2-4-3

聚光灯（图2-4-4）

聚光灯是一种点光源，用来模拟现实中射灯的光域。聚光灯主要是强调照明。使用聚光灯要注意以下几点：

a.聚光灯不要随意乱放。要找准光源再放置，否则在空间中会出现谜一样的光束。

b.聚光灯的高度可根据光源的高度进行调整。如果是吊顶灯的光源，高度一般在2.4米—2.5米左右，如果是壁灯的光源，可以根据壁灯的高度来调整。

c.白天模式，聚光灯的光值在330—360左右就可以。夜晚模式，聚光灯的光值在380—400左右。

d.聚光灯的颜色可以暖一些，这样容易营造空间温馨的氛围。

图2-4-4

天光（图2-4-5）

除了上述三种光源，还有一种光不容易被察觉，但是又非常重要，这就是天光，因为它的存在不明显，导致被很多人忽略。图中红色框内的就是天光，它和阳光一样，都是从窗户外面照射进来。天光的作用很大，可以模拟现实的光影感觉。如果渲染时要以天光作为主光源，那么光源的光值可以在650—700之间。"颜色"上蓝色的纯度越高，说明外面的天气越好。

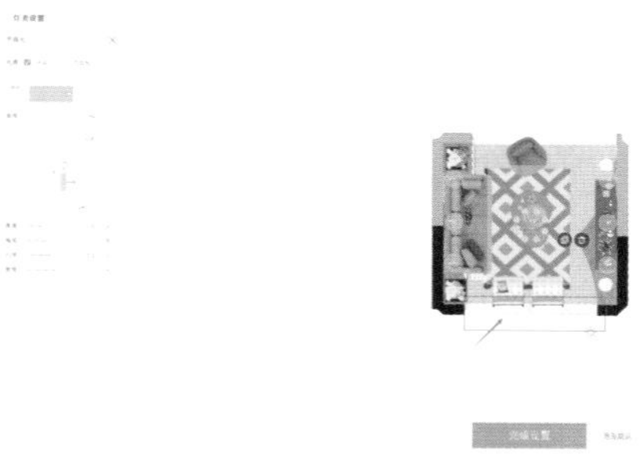

图2-4-5

2.两种打光技巧

了解光源的特性之后，来讲两个比较常用的打光方法，平面光源打光法和天光打光法。

a.平面光源打光法（图2-4-6）

这种打光法是最基础的也是最容易掌握的一种光打法，它主要是以平面光作为空间的主光源。

第一步：在房间中央放一个平面光源和四面墙体保持一定的距离，不要太接近。因为是主光源，所以光源面积占空间的三分之二左右就可以。不要过大，过大容易曝光。大家在渲染的时候会有个误区，总觉得亮一点是好的，其实只要留心观察一下真实白天的空间，并没有那么亮，反而光线都是很温和的。所以大家在渲染的时候要接近现实的感觉，而不是一味地提高亮度。

知识点：在设置主平面光源光值的时候可以参考空间的颜色，如果大面积是白色或者浅色空间，那么这个面光源的光值最高不要超过350，否则渲染出来会过亮，影响整体效果。

图2-4-6

如果遇到比较大的房间时，不要只打一个平面光源，可以根据不同区域，打上平面光源。（图2-4-7）客厅餐厅面积比较大，如果只用一个大的平面光源会曝光，所以客厅和餐厅的位置分别打上平面光源。

图2-4-7

下面是错误的打法。（图2-4-8）

图2-4-8

打好主平面光源后，再来打聚光灯，首先观察一下吊顶上有没有射灯或者筒灯的光源，然后把聚光灯源放置到光源的位置上。红色箭头指向的都是可以放聚光灯的位置，白色小圆点是筒灯，沙发两侧是台灯，电视柜两侧是壁灯，中间是吊灯，这些地方都可以放聚光灯。（图2-4-9）

图2-4-9

因为聚光灯数量会比较多，而且同样的光源数值也是一样的，所以为了节省时间，可以先设置一个聚光灯的亮度和高度，然后复制就行了。白天聚光灯的亮度不要超过400，一般来说350—380就可以了，高度参考灯具的高度。筒灯、台灯、壁灯的高度都不一样，所以大家要分别对待。

筒灯和射灯的聚光灯设置。（图2-4-10）

图2-4-10

台灯的光源设置，聚光灯的高度要小于"台灯高度+台灯离地高度"，壁灯也是一样的道理。（图2-4-11）

图2-4-11

吊灯下方的聚光灯高度可以低一些，相应的光值也要减小，在300左右就可以，数量可以多几个。（图2-4-12）

图2-4-12

灯光都设置好以后，需要调整一下相机。相机高度在1.2米—1.4米之间，这个高度正好符合大多数人的视平线，相机视野不要太大，75°—80°就可以。相机一定要平视，不要出现俯视或者仰视的角度，容易让空间变形。相机的渲染位置很重要，渲染时要注意相机前不能有高物遮挡，相机也不能离物体太近，否则渲染出来的空间效果会很局促，不够全面。（图2-4-13）

图2-4-13

相机位置也决定了效果图的构图，我们来看常用的两种相机位置所渲染出来的最终效果。

第一种是对角构图效果，这种构图比较常用，适合小空间。（图2-4-14）

第二种是正面构图效果，这种构图适合大空间，效果比较大气。（图2-4-15）

b.天光打光法

天光打光法就是以天光作为主光源。这种打光法的优点是更接近真实的光影效果。

图2-4-14

图2-4-15

首先设置天光，因为是主光源，所以光值在650—800之间，天光的大小应当与窗户大小一致，蓝色纯度越高天空越晴朗，其他的采用默认数值就可以。（图2-4-16）

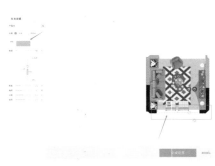

图2-4-16

天光设置好以后，再加个平面光源作辅助光。平面光源面积不用太大，光值在200—230左右。平面光源的位置也靠近窗口一些。（图2-4-17）

图2-4-17

最后再放上聚光灯，放置方法和上面提到的一样。（图2-4-18）

图2-4-18

看下最终效果，这种打光法会在空间中营造一种光线递减的效果，越靠近窗的位置光线会比较亮，离窗远的位置会相对较暗，这也是现实中比较真实的一种光线表现。（图2-4-19）

图2-4-19

打光技巧需要反复尝试，这样才能熟练，不同的空间光都会有一定的变化，这里介绍的两种方法基本适用大多数空间，大家要多练习。

c.扫一扫二维码，观看渲染打光技巧实例操作视频。（图2-4-20）

图2-4-20

第五节　方案详情页

方案完成后，点击DIY装修工具右上角的"完成"，就可以进入方案详情页面了。在这里可以更改方案的一些设计，如方案名称、方案的权限，同时也可以查看方案清单、导出施工图、生成全景图等操作，其实就是一个管理方案的地方。（图2-5-1）

图2-5-1

1.修改方案名称

点击箭头指向的图标，就可以修改方案名称，改好后按回车键确认。（图2-5-2）

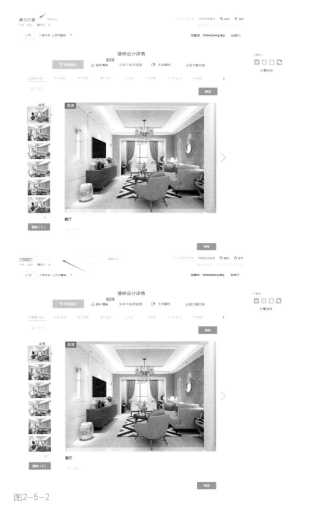

图2-5-2

图2-5-3

2.方案权限

为了保护自己的方案不被其他人复制，用户可以在"方案权限"中选择"私有不可复制"。（图2-5-3）

3.导出历史版本

如果想恢复之前的方案操作，可以用"导出历史版本"功能，可以根据时间来选择恢复的方案。（图2-5-4）

图2-5-4

4.装修清单

"装修清单"提供方案中出现的材料、家具、家电等价格清单，可作为一个预算参考。（图2-5-5）

图2-5-5

在装修清单页面里，可以勾选需要的清单种类。（图2-5-6）

图2-5-6

如果有更改的方案，可以点击"同步清单"，就会更新清单，也可以把清单下载到电脑里。（图2-5-7）

清单中的数量、单价都可以更改。如果房间数量多，可以点击空间的名字来查看不同空间的清单。（图2-5-8）

图2-5-7

图2-5-8

5.生成图纸

方案完成后，可以导出ＣＡＤ施工图，提高工作效率。点击"生成图纸"会弹出一个页面，选择想要导出的施工图种类，最后点击"生成"就可以了。施工图会下载到电脑中。（图2-5-9）

6.设计描述

做完方案后，用户可以写上自己的设计说明，让大家更了解你的想法，写完后记得保存。（图2-5-10）

7.效果图管理

点击界面左侧效果图列表中的图片，旁边的大图上就会出现"下载"和"删除"两个图标。（图2-5-11）

图2-5-11

如果渲染了很多效果图，有些不想要，那就可以在渲染图列表里勾选想清理的效果图，可以批量删除。（图2-5-12）

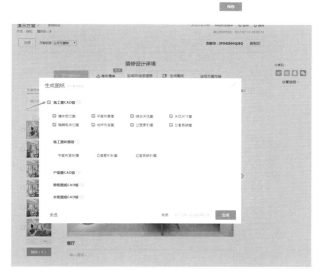

图2-5-9

图2-5-12

同时用户也可以选一张满意的效果图作为整个方案的封面图。（图2-5-13）

图2-5-10

图2-5-13

8.户型设计详情

在“户型设计详情”里，可以修改户型所在的地区和楼盘的名字。（图2—5—14）

户型设计详情
修改户型
下载户型
浙江 杭州 XX楼盘
户型评测得分
84分
得分详情

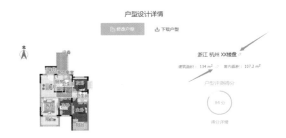

图2—5—14

如果想知道这个户型到底合不合理，可以看“户型评测得分”。（图2—5—15）

户型设计详情
修改户型
下载户型
浙江 杭州 XX楼盘
户型评测得分
84分
得分详情

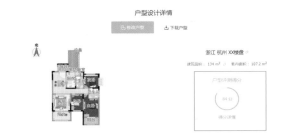

图2—5—15

点击“方案详情”就会进入“户型评测报告页面”，在这里可以看到这个“户型总评”和“风水评测”得分。（图2—5—16）

返回方案详情
XX楼盘户型评测报告
户型总评
本户型是从西向东进入，户型朝东。不通透，室内通风不理想。整体平面比较规整，有利于内部分割，面积利用率高。
85分
风水得分
34
采光通风
12
动静分区
18
动静线
21
杭州 | XX楼盘 | 134m2
风水评测
34 分
满分：40

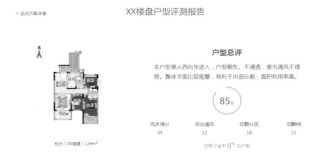

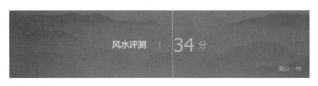

图2—5—16

“户型评测报告”页面还可以看到具体的风水问题和解决方法，很有参考价值。（图2—5—17）

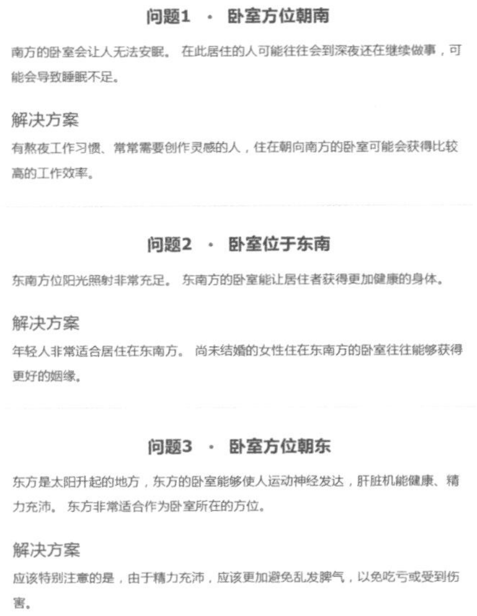

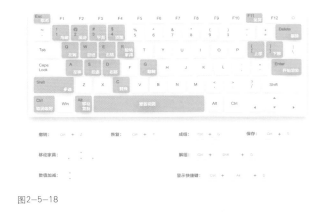

问题1 · 卧室方位朝南
南方的卧室会让人无法安眠。在此居住的人可能往往会到深夜还在继续做事，可能会导致睡眠不足。
解决方案
有熬夜工作习惯、常常需要创作灵感的人，住在朝向南方的卧室可能会获得比较高的工作效率。
问题2 · 卧室位于东南
东南方位阳光照射非常充足。东南方的卧室能让居住者获得更加健康的身体。
解决方案
年轻人非常适合居住在东南方。尚未结婚的女性住在东南方的卧室往往能够获得更好的姻缘。
问题3 · 卧室方位朝东
东方是太阳升起的地方，东方的卧室能够使人运动神经发达，肝脏机能健康、精力充沛。东方非常适合作为卧室所在的方位。
解决方案
应该特别注意的是，由于精力充沛，应该更加避免乱发脾气，以免吃亏或受到伤害。

图2—5—17

附：DIY装修工具快捷键示意图。（图2—5—18）

撤销：
恢复：
成组：
保存：
移动家具：
解组：
数值加减：
显示快捷键：

图2—5—18

扫一扫二维码，观看DIY装修工具实例操作视频（图2—6—1）

图2—6—1

第三章 全屋硬装工具

本章重点 》
1. 认识硬装。
2. 全屋硬装工具——地面篇。
3. 全屋硬装工具——墙面篇。
4. 全屋硬装工具——吊顶篇。
5. 全屋硬装工具综合应用。

学习目标 》
通过本章的学习，熟练地使用全屋硬装工具对户型的基础结构设计，并结合户型工具完整地还原户型的原始结构。在学习中了解点、线、面在全屋硬装工具中造型的构成关系。

建议学时 》
10学时。

第三章　全屋硬装工具

　　硬装，在现代家装设计中占有很大的比重，软装和硬装是相互渗透的。现代意义上的软装已经不能和硬装割裂开来，两者都是为了丰富概念化的空间，使空间异化，以满足家居的需求，展示空间的个性。酷家乐全屋硬装工具可通过对地面、墙面及顶面的分别编辑，达到硬装的设计需求，可充分地展示设计个性。通过点、线、面的多元化编辑，达成很多个性化设计，可以让设计师更快地达成自己的设计想法。通过数据的细致把控，可达到各种设计施工要求。本章我们将对全屋硬装工具进行详细的讲解。

　　硬装一般是指传统家装中的拆墙、涂料、吊顶，铺设管线、电线等。一般也指除了必须满足的基础设施以外，为了满足房屋的结构、布局、功能、美观需要，添加在建筑物表面或者内部的一切装饰物，也包括色彩，这些装饰物原则上是不可移动的。

　　酷家乐云设计软件全屋硬装工具是一个很强大的硬装编辑工具。在室内效果图表现中，硬装就是在地面、墙面和顶面通过点、线、面的区域绘制，弥补在户型工具中无法达到房屋结构构造，并且通过造型绘制达到美观及功能需求。

　　地面硬装展示。（图3-1-1）
　　墙面硬装展示。（图3-1-2）

第一节　认识硬装

地台

通过地面抬升和下沉让室内空间更有层次

拼花

通过地面区域划分让空间贴砖更美观

水刀造型

通过点、线、面绘制让地面设计更有特色

材质

对地面材质的编辑让室内空间更具体

图3-1-1

墙面造型

通过墙面的造型绘制凸显室内的个性效果

墙面结构编辑

对墙面的编辑和区域划分让室内的空间结构更完整

嵌入式结构

通过墙面的结构变化让空间的利用更合理

墙面材质及颜色

墙面的材质和颜色的变化让你的室内设计更加出彩

图3-1-2

吊顶硬装展示。（图3-1-3）

图3-1-3　回音设计工作室　崔晶晶作品

以上的展示图可以看出，硬装对室内设计的比重是相对比较大的。现在开始对硬装工具的学习。

第二节　全屋硬装工具——地面篇

本节要点：对地面工具的理解、熟悉工具的用法和基础造型绘制，懂得使用地面抬升来让空间变得更有层次。本小节结束后，能独立完成地面设计，并完成练习作业。

首先我们打开酷家乐云设计软件，可以通关官网（www.kujiale.com）或官网下载的电脑版打开酷家乐云设计软件主页面。点击"开始设计"，如图3-2-1的红框区域，打开需要设计的方案。

图3-2-1

进入方案选择界面，选择要设计的方案，如果当前页面没有要设计的方案，可点击红框处下一页进行翻页。（图3-2-2）

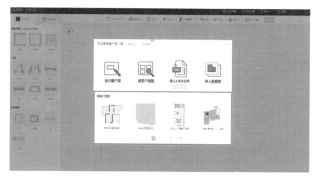

图3-2-2

鼠标悬停在要选择的方案缩略图上，会显示"选择"，点击"选择"。"改户型"按钮可进入户型工具，修改房屋户型；"去装修"按钮可进入3D装修界面，进入各种装修工具界面。如果确认户型正确，就点击去装修，进入全屋硬装设计阶段。（图3-2-3）

知识点：在进入全屋硬装设计之前，尽可能在户型工具中将户型结构做完整，如有修改，也尽量在户型工具中先完成。以防进入全屋硬装设计阶段，再返回修改户型结构，会影响设计方案。

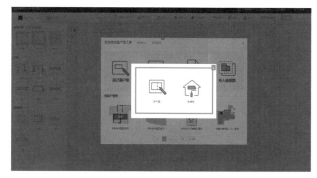

图3-2-3

点击"去装修"，进入方案"3D"视图。点击界面上方的工具箱按钮，弹出选择框，在选择框中有"地面工具"和"吊顶工具"，不建议点击进入，推荐点击进入红框的"全屋硬装工具"。工具整合比较完整，编辑区域选择也更灵活。（图3-2-4）

进入"全屋硬装工具"以后，界面跟3D装修的视角是一样的，在红框位置能看到提醒，点击地面、墙面或者顶面开始设计。在上方有两个视图按钮（3D、顶面），是控制方案视角的按钮。"3D"按钮可方便选择墙面与地面进行硬装编辑；"顶面"按钮可选择顶面进入吊顶硬装编辑。现在要处理的是地面，所以选择3D视角更合理。（图3-2-5）

知识点：在界面的右下角，有视距的控制，可以通过调整视距来让自己更方便操作。

图3-2-4

图3-2-5

现在开始选择需要做硬装设计的部分，地面、墙面或者顶面。先做地面硬装设计，选择需要编辑的地面，鼠标左键点击地面区域，会弹出如红框内的"编辑"按钮，点击即可进入此地面编辑界面。（图3-2-6）

进入地面编辑界面，可以分为四个区域，左侧的绘图编辑区、顶部的绘图控制区，右侧的绘图预览区，还有中间的绘图操作区。绘图编辑区是所有的绘制工具，包括材质、贴图等；绘图控制区调整绘图操作区可显示的选项，撤销操作与恢复操作，清空选择区域，包括绘制导出选项；绘图预览区是3D视角的预览区，可以直观地看到造型效果，也可以在3D预

览区直接点击其他想编辑的区域，更换地面、墙面或者顶面。

绘图操作区就等于造型画布，要在高亮的区域绘制（消隐区域无法绘制），在之前提到过点、线、面的概念，通过点、线连接形成的面，就可以形成多变的造型。绘图编辑区有三个选项：区域分割线、矩形区域、圆形区域。在这三个选项中，可以想象成区域分割线就是来绘制点和线，而矩形圆形区域绘制是用来直接绘制面。（图3-2-7）

图3-2-6

图3-2-7

知识点：点与线之间需要闭合，才能得到一个完整的区域，在非闭合状态下无法形成图形。线是无法单独存在于绘图操作区的。

先来学习如何绘制一个地台，完成户型结构。这样的地台可以利用地面工具来完成，首先需要使用区域分割线来绘制线条，做出类似的造型。（图3-2-8）

图3-2-8

点击区域分割线，鼠标会变成十字光标，悬停在需要绘制的区域时，会出现各种数值，表示每条边线的间距，在使用区域分割线的时候一定要注意绘制的造型要闭合，才能形成完整的空间成为造型。（图3-2-9）

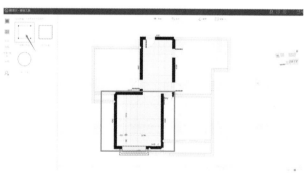

图3-2-9

在这个范例图中的地台是需要贴近墙体的，所以可以沿着墙体开始绘制区域，可以用鼠标滚轮调整绘制区域视角，方便绘制细节。绘制线条的方式有两种，第一种是输入数值，直接得到绝对数值的线段，然后封闭起来形成造型，适合于已有CAD平面图纸，或者有数据资料的造型区域绘制。第二种就是自由绘制，在没有CAD平面图纸及数据资料的情况下，通过对区域的目测自由绘制造型区域。更推荐使用数值输入，这样方便后期的软装设计及区域划分。

用区域分割线工具绘制造型，请注意图中标记的

数值，数值的具体调节可根据实际户型来进行微调，画出需要制作地台的区域部分。抬高数值是针对所画区域的抬高，单位是毫米。（图3-2-10）

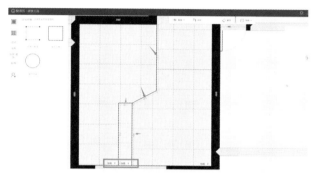

图3-2-10

知识点：在全屋硬装工具中，地面工具只能抬高。所以要做出下陷区域，只需要画出下陷区域，抬高下陷区域外的部分。

在这里抬高的数值上进行调整，具体数值也可根据实际户型数值为准。输入数值以后可以看到明显的明暗变化，在右上角的预览区能看到抬升的效果，这样形成一个二层地台。（图3-2-11）

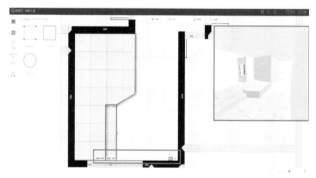

图3-2-11

使用全屋硬装工具绘制一个造型地台，在这个区域里，可添加需要的材质。

对立面的材质进行更换，先对箭头指向的这面进行材质编辑。在图里的红框位置的造型线，就是编辑这一面的材质，点击这条线。（图3-2-12）

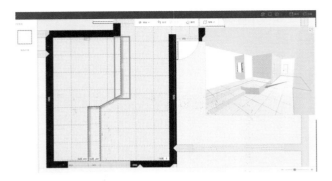

图3-2-12

点击这条线段时，左边的绘图编辑区转换成此线段的编辑区，里面分为两个选项，一是缝隙，里面提供宽度和颜色。缝隙选项可以理解为造型线的宽度，颜色选项就是造型线的颜色，一般这个选项保持默认值就可以，但是有特殊需求可以根据实际情况调整。（图3-2-13）

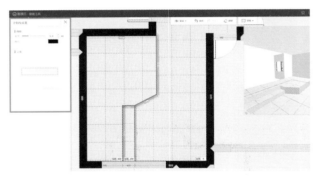

图3-2-13

二是立面，当造型区域造型线产生落差以后形成一个面，称为立面，抬升高度落差决定立面的高度。当抬升差为0时，即不存在立面。（图3-2-14）

点击立面选项，选择编辑。在弹出的对话框可以看到立面编辑框中的材质预览，材质的选择在绘图编辑区，编辑区内有铺贴样式和各种材质分类，可以选择需要的材质来填充立面区域。（图3-2-15）

瓷砖：贴砖材质，点开瓷砖能看到很多预设的铺贴样式，可以根据样式来选择瓷砖的铺贴方式。

地板：地板材质，点开地板选项，能在现有的预设地板样式中选择需要的样式来铺满所选区域。

地毯—地胶：特定材质，点开地毯选项，可以在所选区域制作特定材质，如橡胶垫、仿真草地等。

贴图：贴图材质，点开贴图选项，可以所选区域利用贴图图片样式来填充。

瓷砖材质和贴图材质的区别在于使用瓷砖材质，选择铺贴样式，可以进行瓷砖的替换和瓷砖大小修改，也可以调整接缝的缝隙宽度和颜色。而贴图材质是以图片格式存在的，无法调整缝隙。

知识点：立面编辑中，选择瓷砖铺贴样式，是无法编辑接缝和瓷砖替换编辑的。

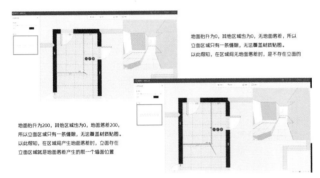

地面抬升为0，其他区域也为0，无地面落差，所以立面区域只有一条缝隙，无法覆盖材质贴图。
以此得知，在区域绝无地面落差时，是不存在立面的

地面抬升为200，其他区域也为0，地面落差200，所以立面区域只有一条缝隙，无法覆盖材质贴图。
以此得知，在区域局部产生地面落差时，立面存在立面区域就是地面落差产生的那一个墙面位置

图3-2-14

图3-2-15

选择一种材质，然后按住鼠标左键拖进立面编辑预览框的高亮区域。在制作硬装地面材质的时候，为求统一，可以对材质进行收藏，点击材质预览小图左上角的五角星收藏按钮即可，这样在后期对其他区域进行材质编辑的时候，可以更快地找到相同的材质。（图3-2-16）

图3-2-16

　　然后把材质贴满整个区域，无论是立面还是平面。在填充区域的时候，可选择我的收藏，找到之前收藏的材质，来让区域统一。点击每条线段来逐步为立面铺贴材质。（图3-2-17）

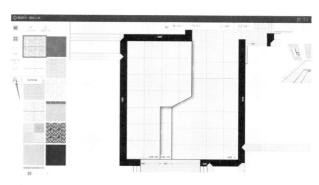

图3-2-17

　　直接拖动材质素材进入造型区域，材质素材就会自动铺贴满由分割线闭合的区域。点击需要编辑的区域，绘图编辑区就会变换成地面贴砖材质编辑。（图3-2-18）

　　铺法可以修改所选区域材质的铺贴样式；缝隙可以调整贴砖间缝隙的宽度和缝隙颜色编辑；属性是修改材质的对齐方式，也可以微调，让区域间的材质缝隙更好地对齐；单元样式可以编辑单砖的大小，点击进入可以看到单砖编辑对话框，红框区域是单砖的最大尺寸，在调整单砖数值的时候，不能超过最大尺寸。（图3-2-19）

　　选择需要调整的区域，依次调整地面材质的细节，

　　达到想要的结果，在后面的课程中学习添加护栏及各种软装配饰，以完善设计细节。（图3-2-20）

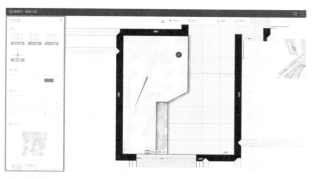

图3-2-18

编辑铺贴样式

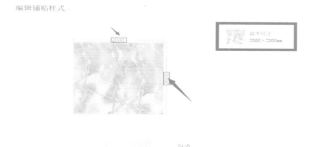

图3-2-19

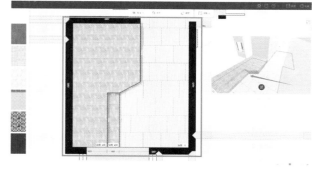

图3-2-20

　　知识点：地面工具的具体讲解；使用区域分割线来自由绘制想要的造型区域；地面抬升与下沉的关系；造型线立面的定义；如何给地面铺设相应的材质。

　　现在再尝试绘制一个地面造型。通过地面造型的

绘制了解波打线属性和区域分隔。通过预览区来更换选择需要绘制地面拼花造型的区域。点击右上角图标或者使用快捷键"Tab"切换到3D大图选择模式，方便选择区域。（图3-2-21）

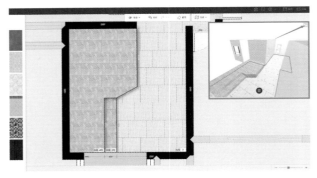

图3-2-21

选择需要制作造型设计的地面区域，点击地面，在弹出的图标上，鼠标左键点击进入编辑界面。（图3-2-22）

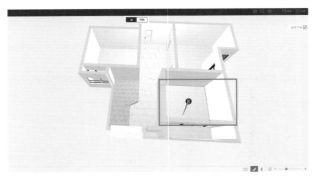

图3-2-22

假设想要在这个区域制作一个地板拼花，那么就需要制作波打线和内部拼花造型。在绘图编辑区使用矩形绘制和圆形绘制，制作出两个区域，红框内的数值，是与相隔线的区间距离，选择对应线条的时候，输入相应的数值，就可以调整单条线段的位置，如果未选择线条而选择区域，调节相应位置的区间数值时，是按区域整体移动，方便用户精准调节。（图3-2-23）

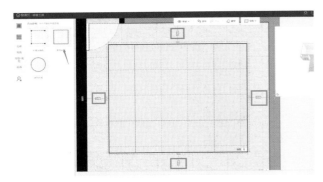

图3-2-23

画好区域以后，首先制作波打线，点击界面左边绘制编辑区的瓷砖选项，在铺贴样式里选择波打线铺贴样式。选择喜欢的材质模型，直接拖进造型区域内。波打线会沿着区域内的边缘进行铺设。也可以通过造型绘制来制作波打线区域，再铺贴材质来绘制波打线。（图3-2-24）

知识点：直接使用瓷砖材质里的波打线铺贴样式，是整体铺设，可按住"Ctrl"键对波打线的单边进行位置的精细调节，如需要绘制复杂造型，还是推荐使用造型绘制来制作复杂造型的波打线。（图3-2-24）

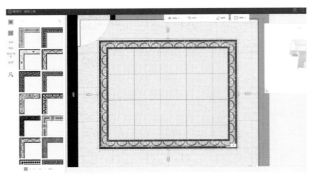

图3-2-24

波打线绘制完成，可以对两个区域进行拼花，选择需要的材质和铺贴样式对区域进行铺贴，在这里需要注意的是，两个区域的砖体拼花缝隙细节要尽量和谐、美观。为达到最好效果，可以点击相应区域的材质，在绘制编辑区对贴砖样式进行细致编辑。（图3-2-25）

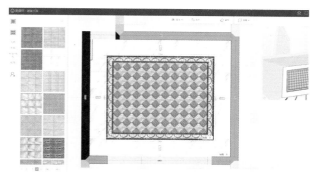

图3-2-25

完成地面的基本拼花造型，在造型绘制的时候，除了可以绘制直线，也可以绘制曲线，点击需要变换曲线的线段，点击标注图标，就可以把直线变为曲线，在绘制复杂造型的时候，可以做一些辅助线。比如制作一个切角，可以在矩形的角落再绘制一个等边三角形，然后两个对角点连接线段，做到一个等角的切角造型。删除多余的线段让造型完整。（图3-2-26）

知识点：线段可以通过拆分的方式得到等长的线段区域，也可以通过绘制区域分割线制作线段区域来切分线段，达到想要的长度线段，切分线条方便用户对复杂造型的精细控制。切分以后的线段，会多出一个切分点，在无交点的情况下，可以鼠标双击删除多余的切分点。

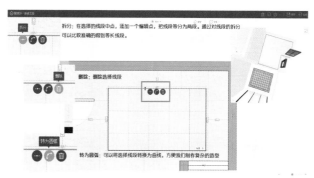

图3-2-26

知识点：区域一定是由闭合线段构成，覆盖材质的时候以区域为单位。当编辑区域没有绘制造型区域的时候，默认是整个地面。给整屋制作地面造型的时候，也可以通过DIY装修工具的硬装，直接使用地面材质拉入户型中，完成地面整个材质覆盖。

门槛石功能是门下的过门石，在全屋硬装工具地面编辑的时候，才能编辑门槛石。通过替换门槛石材质来制作门槛石造型，也可以通过"与区域合并"按钮来让与房间内地面材质达到统一。（图3-2-27）

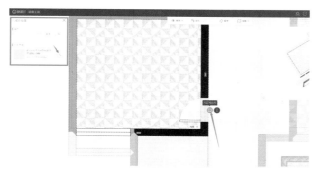

图3-2-27

地面硬装是基础家装的重要部分，不论瓷砖材质还是木地板材质，都对设计有很重要的引导作用。地面工具的使用可以制作地面结构，如地台、矮墙、花坛围边等。地面拼花的使用可以给设计锦上添花，也可以划分地面区域。

课后练习：利用全屋硬装工具的地面工具，制作下列地面造型。（图3-2-28）

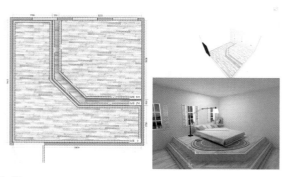

图3-2-28

以上是练习作业，请保留作业方案，方便做墙面和吊顶练习。

第三节　全屋硬装工具——墙面篇

墙面工具与地面工具，有异曲同工之妙。我们在上一节的基础上，开始进入墙面工具的使用。有两种方式进入需要编辑的墙面，第一种，在编辑区界面上方的小工具，点击全屋硬装工具，进入工具界面选择编辑的墙体；第二种，在3D视图模式下，直接点击墙面，弹出墙面工具图标，点击进入。

进入全屋硬装工具墙面工具中，可以看到在绘图编辑区与地面工具是有差别的。墙面工具的绘图编辑区，在自由绘制下方多了一个有灯带造型线与无灯带造型线。在常用造型线区域多了两个灯带的勾选项。（图3-3-1）

灯带是绘制出带灯槽的造型线，使用灯带造型绘制的线条部分，会发出灯带产生的光源。

在界面左侧的选项区域多出很多选项。在顶部，多出测量工具和材质刷，这是制作造型最常用的辅助工具。

测量工具是测量两点之间的间距，更精确地绘制造型区域。材质刷是材质复制工具，可以更快速、更统一地做到区域材质统一。

图3-3-1

学习绘制一款背景墙，请看范例图片。（图3-3-2）

通过学习这款背景墙的绘制，了解墙面的凸出关系，还有造型线绘制方法。

知识点：墙面工具只有凸出没有凹陷，如果要绘

图3-3-2

制这样的层次关系，只能凸出其他部分来完成凹陷区域，如果凹陷的深度过大，请在户型工具适当修改墙面的位置，尽量保证比例正确。

这是一款典型的地中海风格电视背景墙，需要绘制弧形线段和区域的凸出关系来制作，然后再使用材质来优化墙面设计。

点击进入墙面工具需要制作的墙体。使用"自由绘制"里的造型线绘制，可以点击线段变成弧形线段。（图3-3-3）

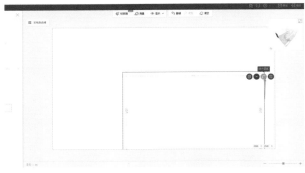

图3-3-3

根据实际户型比例来调整弧形的弧度与高度，边缘的造型置物区域可以使用常用造型线的矩形来绘制，再通过线段转为圆弧来制作。如范例图所示，绘制的区域是需要凹陷的，所以需要凸出其他区域来得到造型区域的凹陷。修改凸出数值，单位是毫米。（图3-3-4）

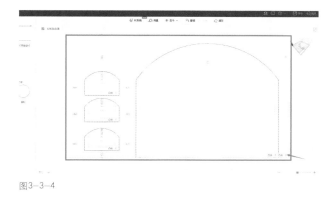

图3-3-4

绘制完造型和墙面凸出，需要对墙面覆盖材质，在贴图选项下找到图案，选择想要的贴图图案。放在中间的区域，为凸出墙面其他区域材质，可以使用贴图选项卡下的墙漆选项，给墙面添加一种墙漆颜色，以达到美观。按照示例图，选择白色的涂料。（图3-3-5）

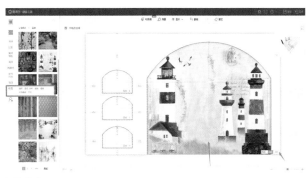

图3-3-5

完成造型墙面绘制。通过这个简单的造型墙绘制，主要学习墙面的凸出关系，贴图包括墙漆的应用，还有一些简单线条的绘制方法。用户也可以把重点的区域线条修改成带灯带的造型线，让墙面造型更具体。

点击需要修改的线段，在绘制编辑区，可以看到很多的选项和数据。（图3-3-6）

剖面可以理解为线段造型的截面图，就好比切开这个线段，从切开处往里看的视角图片。

灯带是所选的线段变换成带有灯带灯槽的线条。可以调整亮度及光源颜色，勾选就表示有灯带。

立面与地面工具一样，产生凸出与凹陷的间距落差区域的展开面。

属性是通过数值的调控，精细地控制所选线段。

图3-3-6

墙面工具造型绘制的时候有一个重点需要学习的区域，就是角线和装饰线条的使用。现在开始学习装饰线条的属性和用法，随便打开一个墙面作为熟悉的工具的练习。

首先使用墙面工具来模拟挂画的效果，以此来熟悉装饰线条的使用方法。在墙面上绘制一个矩形区域，可以使用常用造型快速绘制，这个区域就是挂画的画框边框。然后点击左侧绘图编辑区的"装饰线条"选项卡，打开素材列表。（图3-3-7）

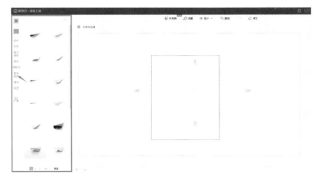

图3-3-7

素材列表中都是装饰线条的剖面图，选择一款比较合适的素材，拉入造型画框区域，虽然绘制区域没有显示出装饰线条的样式，但是可以在预览区看到，有明显的一个线框样式出现。（图3-3-8）

知识点：装饰线条可对封闭区域边缘形成立体造型。剖面素材不同，造型也不同，使用方法只能使用拖入的方式。无需墙面凸出，如墙面凸出，只能对凸出区域的表面添加装饰线条。

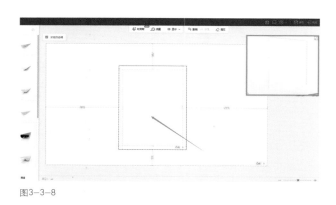

图3-3-8

在区域内覆盖一个图案贴图，就完成了。

通过练习，来熟悉角线和剖面。可以通过上方的清空按钮来清空墙面的数据，方便练习。

首先绘制造型区域。点击最上端造型线段，进入绘制编辑区。可以看到红框位置的剖面编辑区。（图3-3-9）

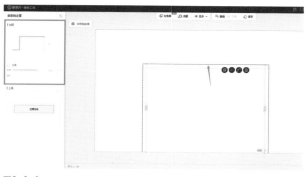

图3-3-9

剖面编辑主要是给线段添加角线，以增加线段的立体感造型。在剖面编辑时，需要一些3D思维来考虑。看到剖面的反Z字形编辑区域，就是把线条截断切开，添加角线的时候，也是剖面的素材预览，可以更直观地感觉角线的样式。

有灯线和无灯线，角线的可添加区域是有差别的，因为有灯线线条会默认添加一个灯槽区域，就会多出两个可以添加角线的面。（图3-3-10）

图3-3-10

拖入一些角线素材进入可添加角线区域，观察角线与线条的变化。然后再凸出造型区域观察，角线的应用需要多尝试。角线只能用于墙面工具和吊顶工具中。

了解一下墙面工具绘图编辑区的素材选项。（图3-3-11）

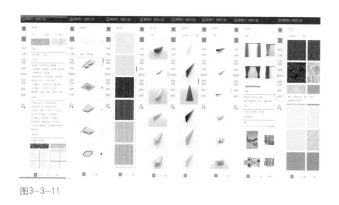

图3-3-11

瓷砖可选择铺贴样式，给墙面区域铺贴瓷砖，方法与地面工具一样。

扣板可以自由拼接墙面的造型，比如制作立体墙面、软包等。

集成墙板常用素材贴图，带有一些特殊纹理，美观且实用，适合复杂造型的墙面材质铺贴。

角线可以直接拖入造型区域，素材角线会沿着区域边线进行铺贴，也可以点击线段进入剖面编辑器，添加角线使用。

踢脚线可以当作角线使用，也可以直接拖入指定线段，制作地面踢脚线。

装饰线条拖入指定造型区域，沿着边线优化线段的立体造型。

墙饰可往墙面区域添加装饰品、挂件、窗帘、镜子等。

贴图可以选择墙纸、墙漆等贴图材质来对墙面进行材质铺贴。

在酷家乐云设计软件中，有很多很成熟的模型素材贴图供用户直接使用，简化了操作，也让出图变得更有效率。

墙面工具不仅可以制作墙面造型、背景墙，还可以针对房屋内的一些结构进行修改。比如制作地台、楼梯、楼板、特殊造型墙洞、梁等结构部件。

可以通过区域绘制和凸出尺寸来制作地台结构，覆盖相应的材质，完成地台的制作。（图3-3-12）

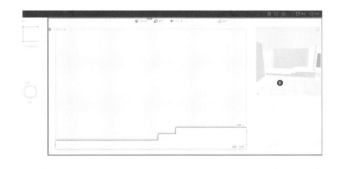

图3-3-12

通过凸出制作地台结构，也可以通过区域绘制来完成楼板、梁体等结构部件制作。

在墙面工具完成异形墙洞、门洞，是需要一些特殊技巧的。点击需要编辑的墙面，进入墙面工具，利用工具绘制出门洞造型，绘制一些造型后，修改门洞区域凸出为0，其他区域凸出数值大于1，然后在门洞区域覆盖材质玻璃。（图3-3-13）

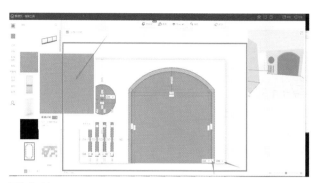

图3-3-13

制作完门洞，需要返回到户型工具去给这面墙体添加一个门洞，给墙面增加一些凸出，然后添加门洞可以给未凸出区域开洞。（图3-3-14）

图3-3-14

再返回3D装修，渲染出设计的门洞墙体，异形门洞就制作完成。（图3-3-15）

如果墙面的两边都有造型，需要制作好墙体双面的造型以后，再制作门洞，以方便操作。

图3-3-15

墙面设计，对室内空间利用是至关重要的，也是室内风格表现的重要步骤。酷家乐云设计全屋硬装工具中的墙面工具可以制作墙面造型、拼接，也可以利用墙面凸出功能来完善室内结构部件，通过墙面造型来营造空间感。

课后练习：利用全屋硬装墙面工具，制作下列墙面造型，范例图如下。（图3-3-16）

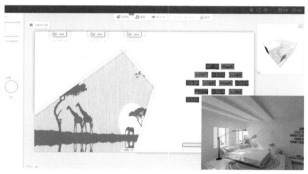

图3-3-16

第四节　全屋硬装工具——吊顶篇

吊顶工具与墙面工具大致相似，唯一的区别在于吊顶工具可以对室内顶面部分进行灯源设计布置。全屋硬装工具的吊顶工具，能满足大部分造型吊顶的绘制需求。配合角线、灯线，可以让室内硬装空间更加丰富。

吊顶工具的下吊关系，就跟墙面工具的凸出、地面工具的抬升一样。下吊就是将平面往下凸出，在吊顶设计中，下吊关系尤为重要。（图3-4-1）

图3-4-1

通过范例练习吊顶的造型绘制，石膏线角线绘制，吊顶布灯的方法。通过之前的学习，点击进入全屋硬装工具，选择顶面视角。选择需要编辑的顶面区域。进入吊顶编辑。通过界面可以看到，界面跟墙面工具是一样的，绘制的方法也是跟墙面工具的使用方法一致。那么吊顶设计重点就在于角线的用法，还有吊顶的下吊关系，对空间的布灯。（图3-4-2）

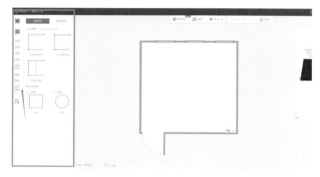

图3-4-2

吊顶工具在绘制编辑区的选项卡中，与地面、墙面都有所差别。

吊顶的素材都是现有的吊顶模型，可以拖入区域直接使用，无法修改模型造型。

灯饰是吊顶布灯素材，选择灯饰类型，拖入模型使用。

角线和墙面工具一样，角线素材给线条的剖面进行编辑。

使用扣板可以自由编辑吊顶造型，与墙面工具不同，这里扣板是直接满铺（勾选自由铺需要升级账户）。

电器模块是集成电器素材，照明、换气、灯暖等电器模块，可拖入造型区域使用。

墙漆是吊顶材质素材，通过材质铺贴，给吊顶增加材质效果，直接拖入造型区域使用。

壁纸是图案壁纸贴图素材，可对造型区域覆盖壁纸材质。

木饰面板是木质材质贴图素材，可对区域覆盖木质材质贴图，直接拖入造型区域使用。

现在开始制作一个吊顶造型，先用有灯带的造型线绘制，可以使用自由绘制线段，也可以使用常用造型线来绘制，注意勾选灯带。（图3-4-3）

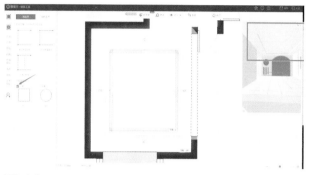

图3-4-3

这里需要注意的是下吊关系的编辑，才能制作出吊顶的层次效果。也可以通过点击吊顶造型线，添加角线来制作造型复杂的吊顶。绘制好造型线，需要给吊顶覆盖材质，选择墙漆或者壁纸来美化吊顶造型。（图3-4-4）

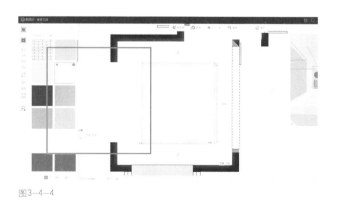

图3-4-4

覆盖好材质，下一步就是给吊顶造型布灯。现在仔细看一下带灯槽的造型区域。有虚线和一条实线，虚线位置代表灯槽内线区域，实线代表灯槽外线区域，筒灯配置一定要在虚线框格以外。（图3-4-5）

吊灯：主要照明灯具，悬挂式灯具，可以根据风格选择灯具配饰。

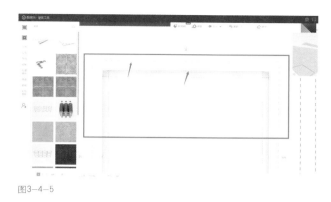

图3-4-5

吸顶灯：与吊顶形成整体的灯具，是主要照明灯具之一。

筒灯/射灯：辅助灯源，突出室内设计重点，同时辅助室内照明。

这里选择筒灯，对吊顶下吊部分进行灯源布置，使用吊灯，对吊顶内空部分进行布灯。吊灯悬挂区域尽量与空间设计相贴合，筒灯的布灯尽量做到统一、对称、工整。（图3-4-6）

在布灯的时候，可以根据辅助对齐线来进行目测对齐。

图3-4-6

按住"Tab"键，选择预览区的右上角图标进入预览。当效果达到预期，就可以完成区域吊顶制作，也可以渲染预览吊顶的效果如何。（图3-4-7）

圆形的或者复杂的吊顶造型都可以通过造型绘制和下吊关系调整来完成。

图3-4-7

附：全屋硬装工具快捷键示意图。（图3-4-10）

图3-4-10

吊顶工具就等于是墙面工具与地面工具的结合，只要熟悉造型区域的绘制，就能熟练地把握所有造型。

吊顶在室内设计中是风格表现的重要环节，也是对灯源设计、区域分区设计的重要环节。在本章节学习了吊顶的基本造型绘制和下吊关系绘制。角线的素材应用，重点在于多实践，多尝试。

课后练习：利用全屋硬装吊顶工具，制作下列吊顶造型，范例图如下。（图3-4-8）

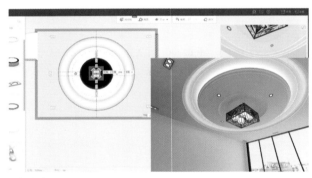

图3-4-8

扫一扫二维码，观看全屋硬装工具实例操作视频。（图3-4-9）

图3-4-9

第四章　全屋定制工具

本章重点 》
1．了解全屋定制的基本操作。
2．掌握橱柜的画法。
3．掌握衣柜的画法。
4．掌握全屋定制工具的一些细节设计。

学习目标 》
通过本章的学习，基本掌握全屋定制工具的用法和功能，了解全屋定制与传统家装之间的区别，并且可以完成一套全屋定制方案。

建议学时 》
10学时。

第四章　全屋定制工具

全屋定制是一项家具设计及定制、安装等服务为一体的家居定制解决方案，全屋定制是家具企业在大规模生产的基础上，根据消费者的设计要求来制造的消费者的专属家具，既可以合理利用家中的各种空间，又能够与整体家居环境相匹配。

为了满足企业及客户的需求，酷家乐深入行业，自主研发"全屋定制工具"，全屋定制参数化素材覆盖衣柜、榻榻米、通用单元、功能柜、整体模块等支持全屋定制方案设计。可自由设计橱柜，自由设计各种收纳柜（榻榻米、电视柜、书柜、玄关柜等），所能设计的定制产品涵盖全屋的各个空间和功能。

第一节　橱柜篇

附：全屋定制快捷键示意图。

1.橱柜定制入口：点击DIY工具上方工具栏的"工具箱"，从这里进入"全屋定制工具"，选择

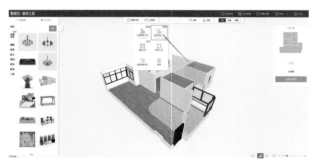

图4-1-1

"橱柜定制"进入橱柜定制界面。（图4-1-1、图4-1-2）

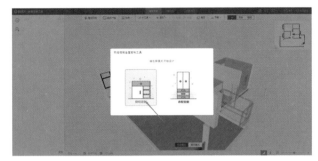

图4-1-2

2.风格切换：点击界面左上方可设置所需风格，免去替换材质的麻烦。（图4-1-3、图4-1-4）

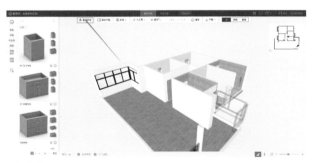

图4-1-3

图4-1-4

3.切换空间：点击界面上方"切换房间"按钮，支

持全户型和单房间随意切换。(图4-1-5～图4-1-7)

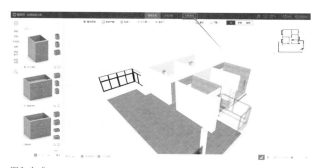

图4-1-5

图4-1-6

图4-1-7

4.左侧菜单栏：囊括地柜、吊柜、中高柜、高柜、特殊板件、厨房电器。（图4-1-8）

图4-1-8

5.地柜布置：只需找到相应柜体，按住鼠标左键，即可直接拖动到所需布置的空间内。（图4-1-9、图4-1-10）

图4-1-9

图4-1-10

6.尺寸修改：点击柜体，左侧菜单栏可修改柜体宽度、深度、高度、角度以及离地的尺寸。（图4-1-11）

图4-1-11

7.柜体与墙面之间尺寸调整：点击柜体，鼠标点击所需移动的尺寸，输入柜体与墙面之间距离的数值即可。（图4-1-12）

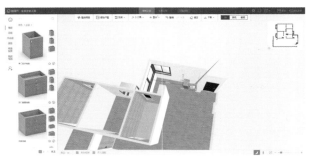

图4-1-12

8.视图切换：右上方菜单栏中可切换3D视图、顶视图、前视图，可根据布置需求切换。（图4-1-13）

图4-1-13

9.对齐功能：首先把对象柜体选择，按住"Shift"键选择所需对齐的柜子，选择对齐。（图4-1-14～图4-1-16）

图4-1-14

图4-1-15

图4-1-16

10.柜体与柜体之间尺寸调整：点击需要移动柜体，选择柜与柜之间尺寸，输入柜与柜之间距离的数值即可。（图4-1-17～图4-1-19）

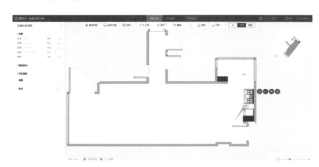

图4-1-17

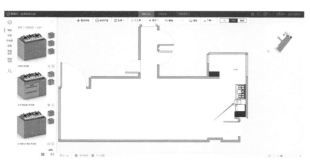

图4-1-18

图4-1-19

11.柜体复制：点击需要复制的柜子，选择复制即可。（图4-1-20、图4-1-21）

图4-1-20

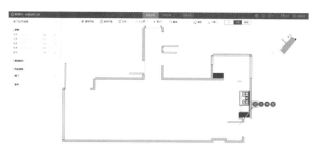

图4-1-21

12.开门方向设置：点击所需更改开门方向的门板，左侧菜单栏进行选择更改。（图4-1-22～图4-1-25）

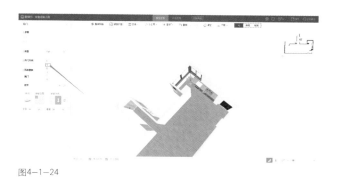

图4-1-24

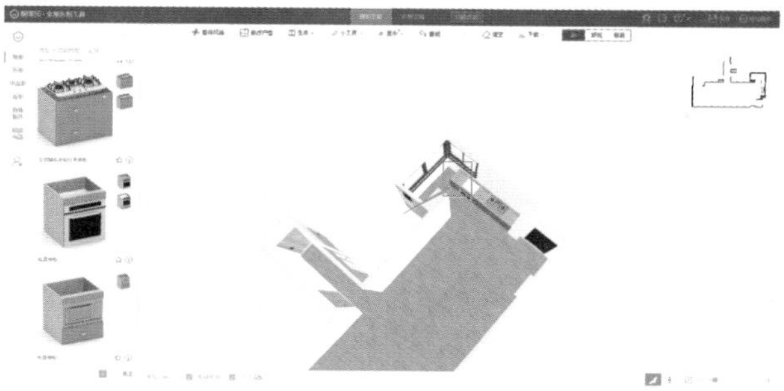

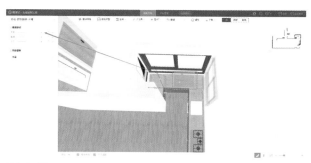

图4-1-25

13.水槽偏移：点击水槽，在左侧菜单栏精准移动设置所需调整的尺寸。（图4-1-26、图4-1-27）

图4-1-22

图4-1-23

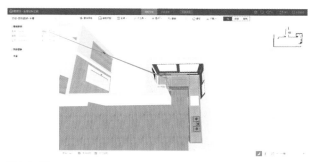

图4-1-26

图4-1-27

14.更换电器：点击所需更换的电器，在左侧菜单栏进行替换。（图4-1-28～图4-1-30）

图4-1-28

图4-1-29

图4-1-30

15.生成台面：上方菜单栏"生成"中找到台面选

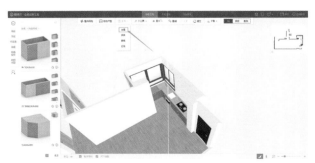

图4-1-31

项，点击生成，选择所需更换的前挡水、后挡水及台面材质，完成生成。（图4-1-31～图4-1-36）

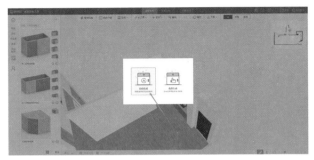

图4-1-32

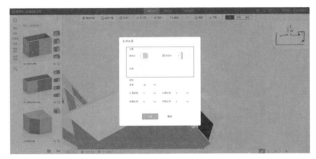

图4-1-33

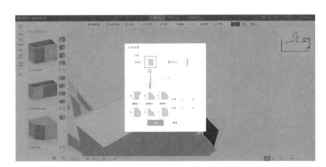

图4-1-34

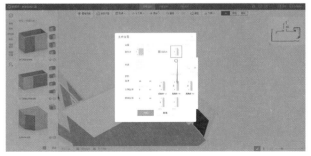

图4-1-35

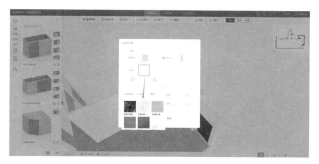

图4-1-36

16.生成脚线：上方菜单栏"生成"中找到脚线选项，点击生成，选择所需更换的样式及材质，完成生成。（图4-1-37~图4-1-40）

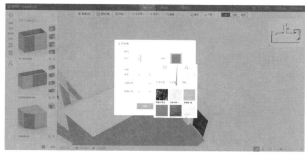

图4-1-40

17.吊柜布置：只需找到相应柜体，按住鼠标左键即可直接拖动到所需布置的空间内。选择柜体即可调整所需尺寸，完成布置。（图4-1-41~图4-1-43）

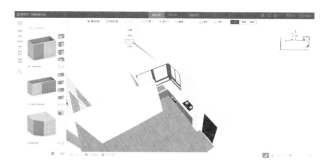

图4-1-37

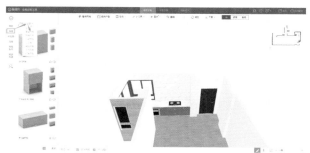

图4-1-41

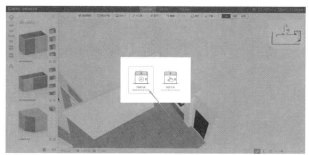

图4-1-38

图4-1-42

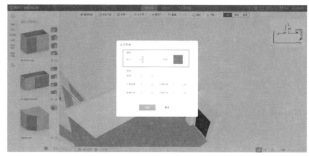

图4-1-39

图4-1-43

18.生成顶线：上方菜单栏"生成"中找到顶线选项，点击生成，选择所需更换的样式及材质，完成生成。（图4-1-44～图4-1-49）

图4-1-44

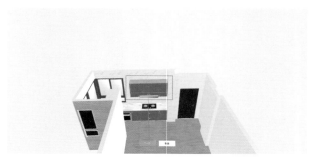

图4-1-45

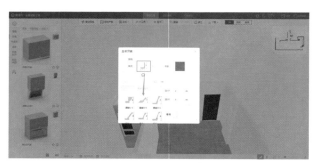

图4-1-46

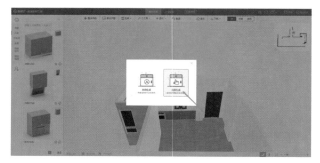

图4-1-47

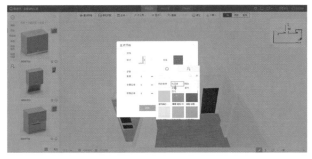

图4-1-48

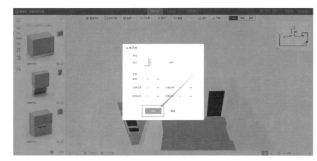

图4-1-49

19.柜体颜色替换：点击柜体，选择柜体选项，点击需要替换的材质，选择全局即可替换所有柜体。（图4-1-50、图4-1-51）

图4-1-50

图4-1-51

20.门板颜色替换：点击柜体，选择掩门选项，点击需要更换材质，选择整组，可分开替换地柜、吊柜门板颜色。（图4-1-52～图4-1-54）

图4-1-52

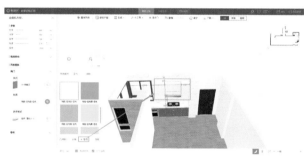

图4-1-53

图4-1-54

21.拉手全局替换：点击柜体，选择掩门选项，点击拉手替换选项，更换所需拉手。点击全局，完成替换。（图4-1-55～图4-1-58）

图4-1-55

图4-1-56

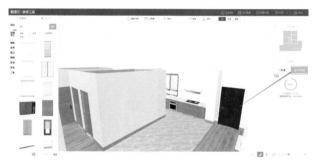

图4-1-57

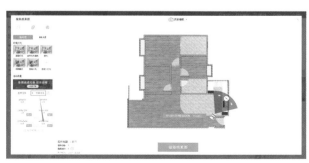

图4-1-58

完成定制橱柜。（图4-1-59）

图4-1-59

22.扫一扫二维码，观看定制橱柜实例操作视频。（图4-1-60）

图4-1-60

第二节　衣柜篇

附：全屋定制快捷键示意图。

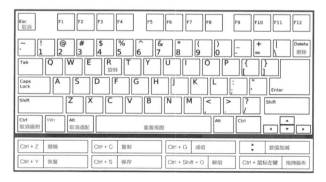

1.衣柜定制入口：点击DIY工具上方工具栏的"工具箱"，从这里进入"全屋定制工具"，选择"衣柜定制"进入衣柜定制界面。（图4-2-1、图4-2-2）

图4-2-1

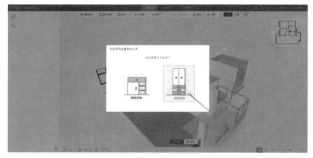

图4-2-2

2.切换空间：点击上方"切换房间"选择所需布置房间，点击开始设计。（图4-2-3、图4-2-4）

图4-2-3

图4-2-4

3.风格设置：选择空间开始设计后，自动弹出风格列表，只需选择所需风格即可进行设计。（图4-2-5）

图4-2-5

4.柜体布置：左侧菜单栏选择所需柜体，拖动到空间内即可。（图4-2-6）

图4-2-6

5.更改柜体尺寸：点击柜体，左侧菜单栏可修改柜体宽度、深度、高度、角度以及离地的尺寸。点击高级参数，会有更多可调整参数。（图4-2-7）

图4-2-7

6.柜体复制：点击需要复制的柜体，点击复制按钮即可复制。（图4-2-8）

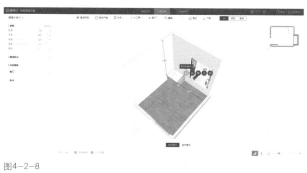

图4-2-8

7.柜体与柜体之间尺寸调整：点击需要移动柜体，选择柜与柜之间尺寸，输入柜与柜之间距离的数值即可。（图4-2-9）

图4-2-9

8.旋转柜体：点击需要旋转柜体，按快捷键"R"即可旋转。（图4-2-10）

图4-2-10

9.移门衣柜布置：左侧菜单栏选择移门柜，找到模型直接拖动至空间上。（图4-2-11）

图4-2-11

10.移门衣柜参数设置：点击柜体，更改区间数，调整宽度，选择区域尺寸，设置完成即可。（图4-2-12~图4-2-14）

图4-2-12

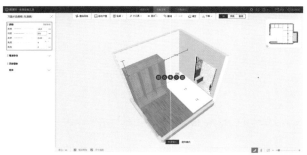

图4-2-13

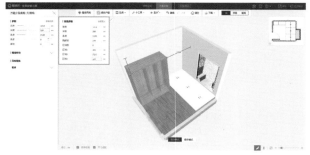

图4-2-14

11.移门衣柜功能件布置：进入组件模式，点击需要组建拖动到柜体内即可布置。（图4-2-15、图4-2-16）

图4-2-15

图4-2-16

12.移门布置：进入柜体模式，上方生成找到"移门"按钮，点击下一步，选择移门款式，完成设置。（图4-2-17~图4-2-20）

图4-2-17

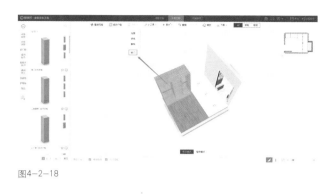

图4-2-18

图4-2-19

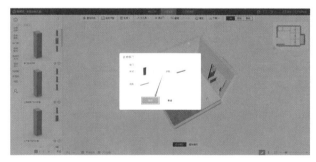

图4-2-20

13.移门参数：柜体模式点击移门，左边菜单栏可更换移门参数。（图4-2-21）

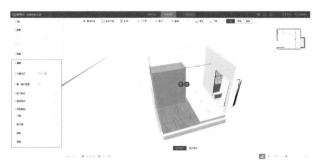

图4-2-21

14.移门开关：点击移门可开关移门，观看内部组件。（图4-2-22）

图4-2-22

15.顶柜布置：选择衣柜顶柜，找到相应模型，按鼠标左键即可拖动到衣柜顶部。（图4-2-23）

图4-2-23

16.生成顶线：上方菜单栏"生成"按钮选择顶线，自动生成，选择样式及颜色即可完成。（图4-2-24~图4-2-26）

图4-2-24

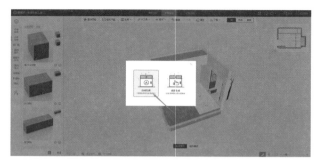

图4-2-25

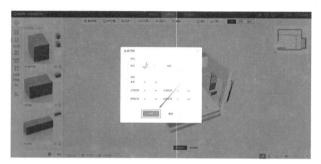

图4-2-26

17.通用单元布置：点击通用单元，找到相应模型，按鼠标左键即可拖动到空间内，设置离地高度等相应尺寸，即可完成布置。（图4-2-27～图4-2-29）

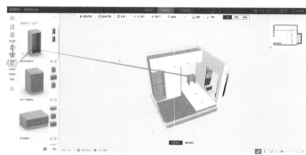

图4-2-27

图4-2-28

图4-2-29

18.前视图组件布置：点击墙面后出现图标，点击进入，在组件模式下，拖动相应组件放置在柜体所需位置，完成布局。（图4-2-30～图4-2-34）

图4-2-30

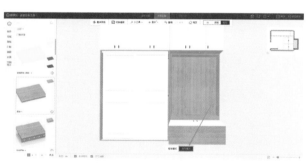

图4-2-31

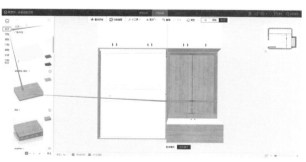

图4-2-32

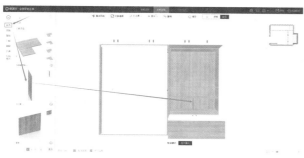

图4-2-33

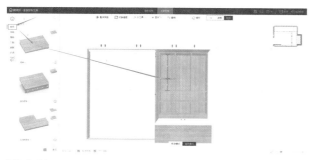

图4-2-34

19.门板布置：在左侧菜单栏选择门板，拖动所需柜门进行布置。然后点击门板，会出现蓝点，拖动蓝点可以修改门板大小。（图4-2-35、图4-2-36）

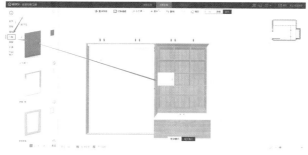

图4-2-35

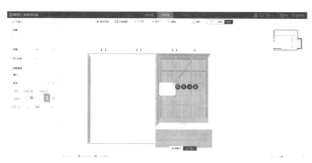

图4-2-36

20.门板切分：进入3D视图，点击需要切分的门板，出现切分按钮，点击切分按钮设置参数即可。（图4-2-37~图4-2-39）

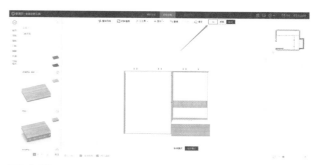

图4-2-37

图4-2-38

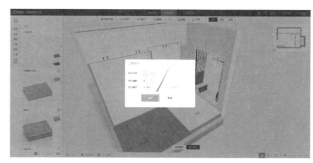

图4-2-39

21.开门方向设置：点击需要更换开门方向的门板，在左侧菜单栏选择门板开门方向。（图4-2-40）

22.拉手全局替换：点击含门柜体，在左侧菜单栏掩门选择"拉手替换"按钮，选择所需拉手点击全局进行整体替换。（图4-2-41）

图4-2-40

图4-2-41

23.拉手位置设置：点击门板，掩门列表中选择安装位置即可设置。（图4-2-42）

图4-2-42

完成定制衣柜。（图4-2-43）

图4-2-43

24.扫一扫二维码，观看定制衣柜实例操作视频。（图4-2-44）

图4-2-44

第五章 商家版后台

一、本章重点 》
1. 了解商家版后台的基本操作。
2. 了解商家版后台的个性化设置。
3. 熟练掌握商家版后台的管理系统。

一、学习目标 》
通过本章的学习，让商家可以更熟悉后台的操作，从而更好地使用酷家乐工具，为自己的企业带来更高的工作效率和商业价值。

一、建议学时 》
5学时。

第五章　商家版后台

商家后台是集设计、管理和营销三位于一体的企业专属大数据管理平台。通过在线设计、即刻渲染，为客户带来所见即所得的设计；提供的"客户→方案→订单→清单"一站式管理流程，为企业打造体系化的管理；以场景导购为中心的营销体系，强化客户的参与感和高效提升购买转化率，实现真正的体验式营销。

第一节　方案管理

本节重点：让企业用户快速掌握如何在商家后台创建方案、管理方案，了解更多个性化的功能。

1.如何创建新方案

打开酷家乐官网（www.kujiale.com），点击页面右上方的"商家后台"，出现登录页面后，输入账号和密码即可。（图5-1-1、图5-1-2）

图5-1-1

图5-1-2

第一步：进入商家后台页面后，点击左侧菜单栏的"方案管理"，会出现4个选项，第一个就是新建设计的菜单按钮，点击即可。（图5-1-3）

图5-1-3

第二步：可以通过点击"搜户型""自己画""导入CAD""量房导入"来创建用户方案户型。（图5-1-4）

图5-1-4

2.如何设置你的方案

a.点击左侧菜单栏"方案管理→我的方案"，所创建的方案都在里面，点击某一个方案就可以进入方案详情页。（图5-1-5、图5-1-6）

图5-1-5

图5-1-6

b.进入方案详情页后，点击画面右上角的"编辑信息"，可对方案信息进行编辑。比如可以修改方案名称、小区名字、户型的种类、方案描述、方案封面等。(图5-1-7~图5-1-9)

图5-1-7

图5-1-8

图5-1-9

3.全景图设置

方案详情页中点开左侧"装修效果图"，会出现这个方案渲染完成的效果图，如果选中一张全景图，旁边大图右上角有一个"设置"按钮，点击设置进入之后可单独对此全景图进行设置，以呈现独特化的全景图。具体可编辑的内容有全景图的基本设置、热点设置以及初始视角的设置。

a.全景图基本设置：基本设置中可设置的内容包括全景图背景音乐的设置、商品标签以及全景图打开方式的设置等。在效果图中选中一张全景图，点击右上角的"设置"进入设置页面。（图5-1-10）

图5-1-10

根据用户需求进行具体的设置，设置完毕后记得按右上角的"保存"。（图5-1-11）

图5-1-11

b.热点设置：点击"商品热点"可以切换至商品热点列表，点击"商品对象"，可以自动将热点移至视野中心。

拖拽小黄点，可以调整商品热点的位置。精准地定位好锚点位置。（图5-1-12）

图5-1-12

c.房间设置：房间热点设置支持全景图房间箭头位置和样式及房间名称的编辑，以及支持初始视角的二次编辑。可以根据最终场景进行视角的跳转，而不用重新渲染。

拖拽箭头，可以调整房间热点的位置。点击房间热点，可以更改热点名称和箭头样式（支持前、左、右三种基本箭头样式）。（图5-1-13）

图5-1-13

d.初始视角：初始视角模块支持每个场景进入时的初始视角调整。调整视角后，点击设置为"初始视角"按钮，即可完成当前空间的设置。

鼠标拖动旋转全景图视角，定格页面之后点击保存。（图5-1-14）

图5-1-14

4.如何开始设计

在方案详情页中，点击下图中红框内的"装修设计"，会进入装修工具里，如果点击"修改户型"，就会进入户型工具里。想看方案的效果图，就点击"装修效果图"。（图5-1-15）

图5-1-15

5.如何导出平面户型图和施工图

第一步：在"我的方案"页面将鼠标放置"下载"菜单按钮处，会弹出下载户型图和导出图纸。下载户型图可以导出户型的平面图纸；导出图纸，可导出方案的施工图，导出之后可下载自由保存路径。

第二步：点击"下载户型图/导出图纸"就会弹出下载户型图的预览页面以及施工图导出的页面，点击"下载/导出"。（图5-1-16~图5-1-18）

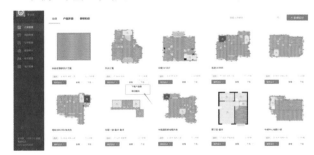

图5-1-16

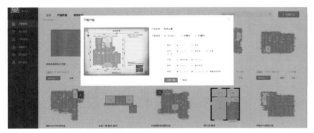

图5-1-17

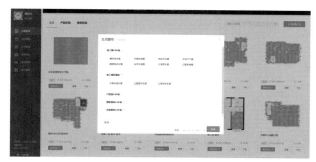

图5-1-18

图5-1-20

图5-1-21

6.如何设置可替换商品全景图

可替换商品图是由多个全景图组合成的一个新的全景图。在可替换商品全景图内通过切换的方式，可展示不同商品、不同装修风格、不同的外景/灯光的效果。

第一步：进入商家后台"方案管理→我的方案"，点击任意方案，可以看到在"查看"菜单中增加了"可替换商品图"功能。（图5-1-19）

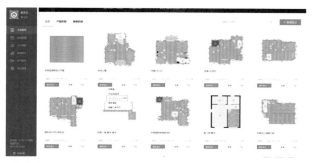

图5-1-19

第二步：点击"可替换商品图"按钮，进入该方案的可替换商品图编辑界面。如果当方案还没有能用于生成可替换商品图的全景图时，系统会显示以下页面，提示需要"前往DIY工具"进行渲染准备。这时去把全景图渲染好就行，详细的渲染技巧在本书第二章中提到。（图5-1-20）

第三步：在DIY工具准备好全部的全景图后，进入商家后台再次选择"可替换商品图"，并点击页面内的"生成单空间商品替换图"，进行可替换商品图的生成过程。（图5-1-21）

第四步：在该弹窗页面，用户可以选择希望生成可替换商品图的全景图。要注意，当用户选择了某一个全景图后，只能选择与它所属房间和相机位完全相同的其他全景图。

渲染中有保存渲染角度的功能，这样方便用户渲染出一样的角度，具体操作查看本书第二章。（图5-1-22）

图5-1-22

第五步：点击"下一步"按钮，可对每个选择的全景图进行设置。这里需要注意以下四个点：

（1）对于不同的全景图，可以选择不同的展示给用户看的商品（商品必须在该全景图内）。

（2）当输入商品名称或编码后，系统会进行搜索，并返回包含搜索词的商品。

（3）确定具体商品后，全景图右下角的预览图和显示名称会被自动更新为该商品的信息（名称可以自行设置，但长度需要控制在10个字内）。

（4）全部编辑完成后，选择其中一组全景图"设为默认图"，这样每次进入展示都会默认显示该全景图。（图5-1-23、图5-1-24）

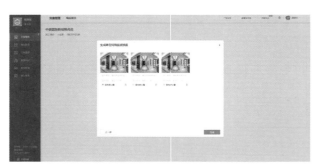

图5-1-23

图5-1-24

第六步：当再次进入可替换商品图列表页面，能看到之前设置的全部全景图。在这里，可以对其进行查看、编辑和删除操作。（图5-1-25）

图5-1-25

第七步：当点击"查看"可替换全景图，可以看到在全景图下方会出现一个新的"商品替换"按钮，点击可以选择不同的商品，进行全景图的切换展示。（图5-1-26）

图5-1-26

可替换商品图也能用于生成全屋漫游图（和普通全景图一样的使用方法）。当进入全屋漫游图生成页，可替换商品图会带有"商品替换"标识，而生成的全屋漫游图，仅在进入可替换商品图所在的房间时，才会出现对应的"商品替换"按钮。

7. 如何创建企业样板间

第一步：选中想要的方案，进入方案详情页里点击"提交样板间"，然后根据要求填写方案信息，最后点击"确认"。（图5-1-27～图5-1-29）

图5-1-27

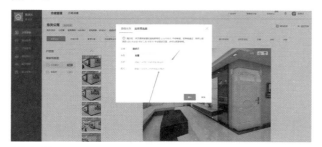

图5-1-28

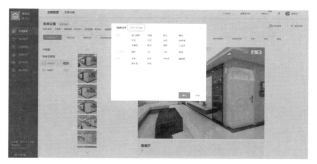

图5-1-29

第二步：点击左侧菜单栏里"方案管理→企业样板间"。（图5-1-30）

图5-1-30

之前提交的样板间都在里面，然后点击下图红框中的"设为样板间"即可。如果只想在工具里显示自己的样板间，那就勾选"只显示企业样板间"。（图5-1-31）

图5-1-31

8.如何导出方案的历史版本

在"方案管理→我的方案"页面将鼠标放置方案封面右上角下拉键处，会弹出一系列的菜单功能，点击"导出历史版本"，会弹出各时间段的方案版本，选中某个时间段即可导出这个阶段的方案。（图5-1-32、图5-1-33）

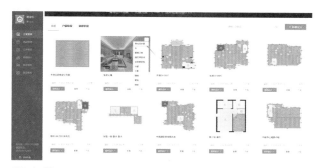

图5-1-32

图5-1-33

9.总账号如何将方案分配给子账号

在"方案管理→我的方案"页面将鼠标放置方案封面的右上角下拉框处，会弹出一系列的菜单功能，点击"分配"即可将方案分配给某个子账号。分配好之后方案就会出现在子账号的方案账号中。（图5-1-34、图5-1-35）

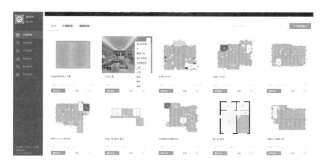

图5-1-34

图5-1-35

10.如何筛选样板间

点击左侧菜单栏中的"方案管理→样板间筛选"就可以设置样板间的标签，方便在装修工具中对样板间进行筛选。（图5-1-36、图5-1-37）

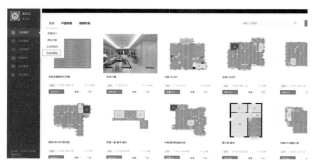

图5-1-36

图5-1-37

第二节　商品管理

点击左侧菜单栏的"商品管理"，就会出现"商品管理""品牌库""我的套餐包""排他管理""企业材质库""授权管理""品牌系列管理""标签管理"等按钮。（图5-2-1）

图5-2-1

1.点击"商品管理→商品管理"，可以在这个页面自主上传模型、硬装贴图以及角线之类的模型素材到各工具内。（图5-2-2、图5-2-3）

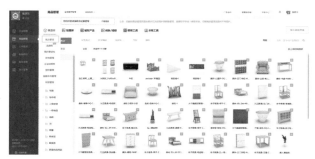

图5-2-2

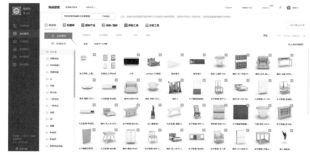

图5-2-3

点击进入后选择要上传的模型种类，选择好模型文件上传即可。（图5-2-4）

2.上传好的素材可点击查看进入商品的详情页，可以编辑商品的详情，可编辑的属性有"相关设置（是否将模型设置成商品/在工具内显示）、商品型号、品牌、系列、商品尺寸、价格，以及购买链接等"。（图5-2-5）

图5-2-4

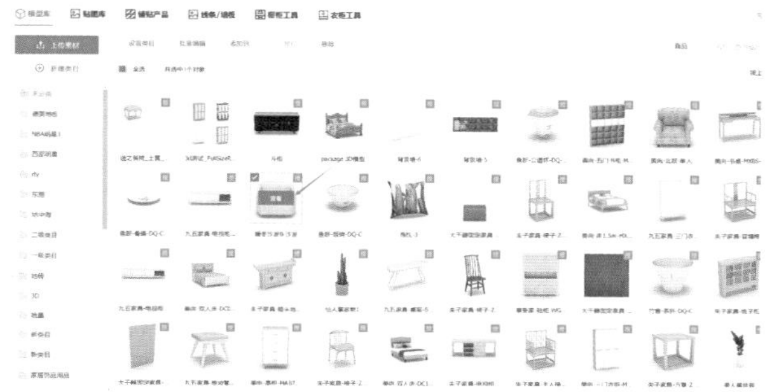

图5-2-7

图5-2-5

点击"查看"进入商品详情，然后点击右上角的"编辑详情"，对商品进行进一步设置。比如型号、价格、品牌，还可以添加"商品标签"。（图5-2-6）

图5-2-6

3.点击"商品管理→品牌库"，会有一系列优质品牌商家模型。（图5-2-7）

选中某个品牌，点击"查看商品"，可进入该品牌的模型列表中，查看具体的信息。（图5-2-8）

图5-2-8

4.点击"授权品牌→申请其他品牌"就可以申请授权模型使用，如果通过授权，可直接使用该商家的模型。（图5-2-9、图5-2-10）

图5-2-9

图5-2-10

5. 当有商家申请授权使用自己的品牌时，可点击"商品管理→授权管理"，授权管理中会弹出申请授权的商家信息，可以点击"通过授权"将模型授权给对方。（图5-2-11、图5-2-12）

图5-2-11

图5-2-12

6. 在"商品管理→我的套餐包"中，企业用户可根据方案的价格或者风格设置套餐包，在设计方案的过程中可以优先选择套餐包中的模型进行设计，提升设计效率。（图5-2-13、图5-2-14）

7. 如果有商家不希望在工具内看到非自家品牌的模型，可点击"商品管理→排他管理"，将不想看到的模型种类勾选上，并点击保存，被选中的模型就不会显示在工具内。（图5-2-15、图5-2-16）

图5-2-13

图5-2-14

图5-2-15

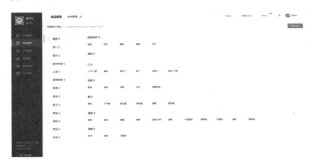

图5-2-16

8. 选择"商品管理→企业材质库"，企业用户就可以上传一些模型材质，并应用到模型材质替换功能中。上传的材质包括石材、布艺、皮革以及涂料等材质贴图。在使用材质替换的时候，这些上传的素材都会显示在材质替换的页面中。（图5-2-17、图5-2-18）

图5-2-17

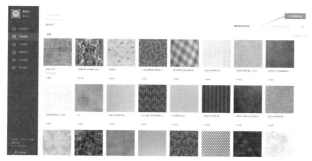

图5-2-18

点击右上角的"新建材质"上传素材,在使用模型材质替换功能的时候,这些上传的素材都会显示在材质替换的页面中。(图5-2-19、图5-2-20)

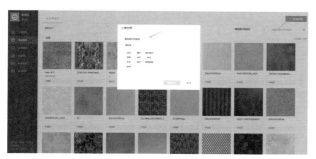

图5-2-19

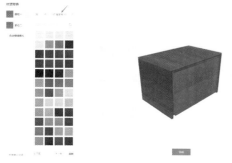

图5-2-20

9.在"商品管理→品牌系列管理"中,商家可通过在该页面申请品牌,提交并通过审核之后,决定是否会公开在酷家乐平台。审核不会影响商家在自己体系内对于品牌的使用。品牌公开之后会显示在模型库的筛选栏。(图5-2-21、图5-2-22)

10.在"商品管理→标签管理"中,可对模型进行标签设置,方便在工具栏中筛选模型。(图5-2-23)

图5-2-21

图5-2-22

图5-2-23

第一步:先在标签管理中点击"新建分类",编辑好标签。(图5-2-24)

图5-2-24

第二步：在商品管理中进入模型的详情页选择对应的标签。（图5-2-25）

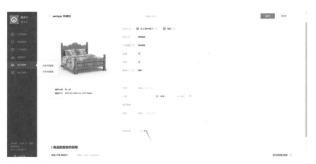

图5-2-25

第三节　订单管理

管理你的订单，了解更详细的订单信息，为工作带来更高的效率。

1.订单管理可用于创建订单，管理订单所处状态，记录客户信息。（图5-3-1）

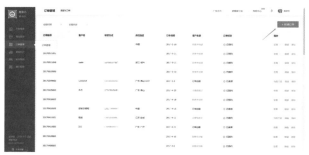

图5-3-1

2.可编辑全景图中的关键信息，商家可以根据需求编辑文字内容内，方便客户留下联系方式，并且可以在订单管理中看到客户信息，有利于进行下一步的跟进。（图5-3-2）

第四节　数据统计

通过此功能可以让总账号管理子账号，查看所属子账号使用酷家乐的情况，并且支持表格导出。可查看的数据包括新增订单数、新创建的户型数、使用酷

图5-3-2

币情况、渲染数、登录账号数、进入工具数等信息。（图5-4-1）

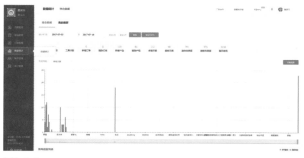

图5-4-1

第五节　账号管理

　　账号管理用于总账号本身的设置以及子账号的创建及管理。总账号可点击子账号管理创建子账号，设置子账号的权限、密码、手机绑定等。

　　1.点击"账号管理→本账号管理"可修改绑定的手机号码以及密码、设置等操作。（图5-5-1）

图5-5-1

　　2.子账号管理可点击"账号管理→子账号管理"。（图5-5-2）

图5-5-2

第六节　展示管理

　　展示管理可将做好的方案提交到展示馆内，商家可将展示馆的链接分享出去给客户浏览。（图5-6-1）

图5-6-1

第七节　设置

　　设置中包括品牌展示设置、工具设置、全景图设置以及子账号权限设置。

1.如何进行品牌展示设置

　　在企业徽标处，点击上传企业LOGO，最后点击确认即可。（图5-7-1、图5-7-2）

图5-7-1

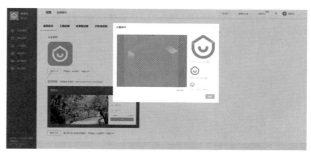

图5-7-2

2.工具设置

对商家后台和设计工具进行个性化设置，可根据需要勾选列出的功能，如希望应用至子账号，则在保存时同步设置至所有子账号。（图5-7-3）

图5-7-5

图5-7-3

3.全景图设置

如何设置个性化全景漫游图。

第一步：在品牌水印中上传自己的个性化水印，这样在你的全景图里就可以展示自己的品牌LOGO。（图5-7-4）

图5-7-6

4.子账号权限设置

企业总账号可以通过此设置来管理子账号权限，根据需求，勾选对应的功能给予账号使用。（图5-7-7）

图5-7-4

图5-7-7

第二步：选择全景图的开场方式，推荐使用小行星入场，这是企业版独有的开场方式。（图5-7-5）

第三步：添加用户喜欢的全景图背景音乐，选择自定义链接，直接将音乐链接粘贴进去即可。（图5-7-6）

第四步：根据需求再设置相应的功能。

第六章　优秀方案

一、**本章重点** 》
1. 剖析酷家乐工具的方案实例。
2. 学习设计师的设计思路。
3. 运用VR技术观赏全景效果图。

一、**学习目标** 》
通过本章的学习，可以更加全面地了解
酷家乐工具。

一、**建议学时** 》
5学时。

第六章　优秀方案

作品名称：蝴蝶谷

设计师：罗艳　一诺设计工作室

设计说明

把进门的玄关靠餐厅的墙拆除来扩大空间感，并且做一个木线条的造型，摆放成品的玄关柜。鞋柜做在靠厨房外面的墙体旁，厨房的窗户位置做矮柜，上面摆装饰品，旁边做高柜，对面的位置做换鞋凳，后面挂衣服及镜子。

客餐厅

餐厅靠墙面的位置做一排西式厨房，摆放简单的厨房电器等就餐用品，旁边放嵌入式的冰箱。餐厅的位置做多功能区并做一排书桌，客厅位置的电视背景墙做在靠卧室这边，木工打底上面做木饰面和嵌入式的电视，沙发背景墙简单挂装饰画，阳台已拆除，有阳台的功能但是没有阳台的门，次卧外面的阳台可做生活阳台。（图6-1～图6-4）

图6-2

图6-3

图6-1

图6-4

主卧

主卧中做衣帽间来增加储物空间，放置1.8米的床，挂电视的一侧墙面做简易书桌，方便客户同时办工使用。

次卧是普通的客房，床头墙面做简单的调色来拉开主次感。

目前还不知道是男宝宝还是女宝宝，儿童房使用墙面的颜色比较中性，靠次卧的墙面挂一块黑板来方便后期孩子的涂涂画画。（图6-5）

最不可缺的是一种文化底蕴，让人文得以升华，给人一种低调奢华而宁静平和之感。即使再浮躁的心，来到这里也会得到抚慰，这就是新中式迷人的地方。在这个线条为主的设计空间里，以和谐为处理原则，将传统文化元素以植入的方式，让整个空间处处流露出悠远、宁静的东方韵味。（图6-6~图6-11）

图6-5

扫一扫看全景漫游。

图6-6

作品名称：极致东方的诗意栖居

设计师：刘刚　苏瑞北京易尚国际设计总监

设计说明

家的设计是从居住发展到情感，是与人的精神和感官密不可分的。

图6-7

图6-8

图6-11

扫一扫看全景漫游。

作品名称：九五至尊

设计师：黄陈静　一诺设计工作室

设计说明

图6-9

九五至尊住宅样板间位于台湾省台北市，建筑楼层为钢混结构，层高为4米的大空间，钢梁高为1米，面积为317平方米，户型为大平层，空间中已有的两处卫生间的沉井，以及两个1.0米×1.0米的柱子，在以上条件下分隔为两厅两厨五房五卫。总体风格以东方美学的酒店式风格进行设计。

客餐厅

图6-10

餐厅中间设鸡翅硬木大板桌，布深灰色扶手椅，背景墙中间设为格架式，放置紫砂茶具，两边大理石

勾金边不锈钢边设新中式壁灯。客餐厅中间墙面挂灰蓝色抽象画，前面布白色树枝木饰。（图6-12~图6-14）

图6-12

图6-13

图6-14

玄关

玄关以中式对称式的"中"字背景墙配中式玄关柜，背景墙设灰龟裂纹皮革软包，悬挂赵无极式的抽象画，玄关柜上布置佛手及石磬，左边为樱桃木色鞋柜，对面设黑白抽象画，整体空间凸显业主儒雅大气的个性。（图6-15）

图6-15

主卧

主卧空间及业主床以咖啡色、白色进行搭配，凸形飘窗设木钢写字桌，背景墙硬包卡其色饰面加黑色线条，卫生间设格栅移门装饰，整个空间色调上温馨而大气。（图6-16）

图6-16

次卧

灰色硬包背景墙，竖条靠背式双人床配樱桃木色床头柜及化妆台，地毯和边柜局部点缀灰蓝及灰绿色，使空间宁静而安详。窗边设单人休闲沙发配圆形边几搭黑色金属落地灯。（图6-17、图6-18）

图6-17

图6-18

扫一扫看全景漫游。

作品名称：留白——新中式

设计师：李颢

客餐厅

身处繁华都市，渴望一丝静谧的心灵归宿。回到家，抛开一切繁杂事务，享受阳光、茶香、风吟、听雨。应该享有这种生活姿态，充满诗意和满足，目光所致，都是美好。

素雅的色调，精致的线条，极具质感的家居，恰如其分的艺术摆件，伴着花香，品一口好茶，这便是最好的意境。

家居配饰将传统东方文化的元素进行现代演绎，融其意，取其境，用其韵。既保留典雅大气的视觉感受，又兼顾舒适美好的居家体验。

自然的留白，错落有致的安排，横竖分明的空间勾勒，为家庭融入更多的可读性与趣味性，呈现出典雅的东方气息。

古朴宁静的客厅，中式花纹地毯铺设出沉静风雅，古今结合的家具彰显出新中式的雅典意蕴的同时，又让人倍感舒适。沙发装饰画两侧对称的黑镜，在满屋的古典韵味当中增添一丝现代气息。

简洁的餐厅里，木质家具渲染出古色古香的东方韵味，餐边柜上精美的艺术摆件，烘托出儒雅的就餐环境。（图6-19~图6-23）

图6-19

图6—20

图6—21

图6—22

图6—23

主卧

卧室整体以淡雅为主，中式的直线条居多，床头优美精致的艺术画作与吊顶、屏风、床品色彩相呼应，营造出恬怡淡雅的休憩氛围。（图6—24）

图6—24

步入式衣柜

衣帽间木质整体衣柜简洁温暖，舒适的榻榻米与蓝白相间的坐垫雅致淡然，空间落落大方。（图6—25）

图6—25

阳台

阳台是休闲区域，借鉴了老北京四合院的格局，一侧是粗犷的木头桌椅搭配精致的茶盘，看窗外风景，品一缕茶香。另一侧是中式木质躺椅，闲时读书拾趣，乏时小憩一下。（图6—26）

图6—26

扫一扫看全景漫游。

作品名称：迷情轻奢ins风

设计师：李蓓　DM设计工作室

设计说明

小夫妻的新居，因为原来房型和承重墙的限制，没有做整体墙体的改动，依靠家具和软装来满足业主的需求。女业主有点小幻想，喜欢鲜艳的颜色，法式的优雅，ins的简单，因此整个方案就定位在充满异域风情的轻奢感。

客餐厅

工作区还配备了水槽，又充当了水吧的作用。粉蓝色系的柜体与红色碰撞，充满了质感又富有活力。（图6—27～图6—33）

图6—27

图6—28

图6-29

图6-30

图6-31

图6-32

图6-33

主卧

　　粉蓝和灰色，适合休憩的一个小空间，结合了ins风的简单明快，法式风的优雅韵味。（图6-34、图6-35）

图6-34

图6-35

次卧

米色和绿色营造了小房间的清新气息。（图6-36）

图6-36

阳台

生活阳台虽然小，也要情调满满。休闲阳台则可以让人放松心情，徜徉在鲜花的海洋，高楼大厦间也有异域风情。（图6-37）

卫生间

异域风情的花砖搭配了小白砖，简约的洗漱台，梯子置物架，小空间的主卫也充满风情。（图6-38）

图6-37

图6-38

扫一扫看全景漫游。

作品名称：清·心

设计师：湛智华　优居名设工作室

设计说明

温暖的阳光照射在沙滩上，一艘新船将在这里起航。在这里，可以远离城市的喧嚣，尽享平静、怡人的生活。

客厅

整体采用北欧风格，以原木色及灰色为主调，用黑色线条的挂画、茶几、电视背景墙、吊顶来勾勒出整体的立体感，营造出时尚且舒适的客餐厅空间。（图6-39~图6-42）

图6-41

图6-39

图6-42

主卧

原木色配搭上白色，使用皮质软包床，让主卧空间高档而舒适。原阳台打通做成舒适的书房区域，增加榻榻米，让储物功能更加强大，也为业主在主卧区域提供了一个休闲的区域。（图6-43）

次卧

原木色和白色的配搭上黑色的线条，简单而舒适。（图6-44）

图6-40

图6—43

图6—45

图6—44

图6—46

儿童房

整体白色柜体，用原木色与天蓝色点缀整体空间，让小孩在空间内能有无限的想象。

厨房L型橱柜完整地表现出洗切煮流水线，而岛台作为备餐区，让业主在这可以轻松享受烹饪的时光。（图6—45、图6—46）

扫一扫看全景漫游。

作品名称：生活的艺术家

设计师：优梵艺术

设计说明

把经典新中式的元素融入欧式风格的复式装修

中，首先，一个经典的一百多平方米的复式，需要满足年轻人所喜爱的视觉冲击效果，又不能太尖锐，而且要实用，因此在色彩上选择了对比色，材质上运用了大量大理石和谐的搭配，每一个区域，每一个小的饰品和装饰物，包括硬装都是这个大空间的灵魂所在。所以整个设计就会构成一个奢华大气的感觉。（图6-47~图6-49）

扫一扫看全景漫游。

作品名称：新贵生活密码

设计师：罗志强　汇合工作室

客厅

客厅地面是浅灰色时尚图案地毯砖，电视背景墙是书架与电视柜一体的设计造型，电视背景墙上面的天花是收纳升降投影的屏幕，电视投影两不误。沙发背景是黄色喷漆玻璃的构成图案，醒目大气，再搭配时尚的转角沙发。（图6-50~图6-53）

图6-47

图6-50

图6-48

图6-49

图6-51

图6-52

图6-53

主卧

主卧空间以浅色为主，榻榻米和衣柜的设计能更好更充分地利用卧室空间，选择有收纳功能的书桌，使房间实用又舒适。（图6-54）

图6-54

次卧

儿童房以蓝色调为主，色彩上能启发孩子的想象力。窗台设计收纳柜铺坐垫，一边做书桌台的设计，能充分利用飘窗空间，给孩子一个学习的天地。（图6-55）

图6-55

餐厅与书房

餐厅区地面是木纹砖，餐桌椅是卡座设计，既能节约空间，又能在工作的时候为休息区，为看书和工作来使用。（图6-56、图6-57）

图6-56

图6-57

扫一扫看全景漫游。

作品名称：预见

设计师：陈海燕　回音设计工作室

设计说明

本案客厅墙面用大面积灰色系的肌理质感的墙漆，给人一种平稳安静的感受。复古而大气的红色抽象挂画，搭配上精致优雅的单人椅，以及代表现代工艺技术的太空铝材质的收纳柜和具有光泽感的仿古皮质沙发，具有融合复古时尚等多重元素的复古工业风。茶几和边几都采用简明干脆的线条，交映着手工皮革沙发与地毯的温和。突出了个性十足的视觉效果，又有一种温暖舒适的感觉。再配上独具特色的优梵艺术家居饰品，使得整个空间呈现出一丝不苟的匠人精神。（图6-58～图6-60）

主卧

设计师为业主隔出了一间隐蔽的卧室私人空间，

业主的卧室的进门在二楼阁楼的一端，和工作室结合，却又可以和工作室分隔，在卧室里设计规划出了一个私人的阅读室，以便业主可以让空间完全开放，也可以对其分隔，从而使它蕴涵个性化的审美情趣。二楼在单独的空间中设计了一个楼梯下到主卧，让这个空间满足业主的独处隐私空间的需要，很有安全感。在奢华和极具现代气息的空间中，卧室提取了电影场景的深厚质感，与黑白色彩形成丰富的历史艺术精神世界，犹如被岁月洗蚀的老旧底片，充满vintage的艺术感。（图6-61～图6-63）

图6-58

图6-59

图6-60

图6-63

图6-61

储物间

独立的储物间，其面积通常不大，但能满足业主需要收纳空间的要求，整洁而有条不紊。储藏室里设置一扇窗，这样不仅可以让光线照进房间，还有利于房间的通风。在家庭日常的生活中，储藏室的格局和设置是十分重要的，它能影响到整个住宅的环境，因此重视储藏室并加以充分利用是相当必要的。（图6-64）

卫生间

客卫的设计稍许用了一面亮色的墙面加以点缀，

图6-62

图6-64

因为卫生间虽小，但它的环境影响着我们的家庭卫生和居住的心情，所以卫生间的设计要非常考究。以实用大方、安全方便、易于清洁、美观简洁为主，卫生间会长期和水打交道，因此墙壁和地面选择防水防潮耐腐蚀的优质材料，地板款式也尽量以简洁大规格防滑的瓷砖为主，整体应该给人一种明亮简洁的感觉。在卫生间的一面墙上安装一面较大的镜子，可使视觉变宽。主卫的设计满足业主喜欢暗调的要求，沐浴和如厕相对独立，做了干湿分区，这些空间都围绕着更衣间、化妆空间的方便度和舒适度，可以给业主心理上带来非常多的愉悦。（图6-65、图6-66）

衣帽间

嵌入式衣帽间的设计比较节约面积，易清洁，设置大面积穿衣镜延伸视觉。许多人认为衣帽间仅可存在于大空间内，其实不然，现代住宅设计中，经常有凹入或突出的部分或者是三角区域，我们完全可以充分利用这些空间，根据业主的需求，规划出衣帽间。家居中的衣帽间给生活带来许多便捷的同时，还会给在衣帽间中更衣的人带来愉悦的心情和自信，更可以成为家居设计中的亮点。（图6-67）

图6-65

图6-67

图6-66

扫一扫看全景漫游。

作品名称：远雄定制东方韵

设计师：徐彦　郑宇阳　回音设计工作室

设计说明

提起东方美学，便要说到国学。国学讲究中庸之道，拿捏余地，不多亦不少，不偏亦不倚。在实际的方案展示来说，将整体方案打散后梳理成为点、线、面，将国学的中庸之道，对于元素与色彩的选用会延伸植入方案。有人会说："东方美学不就是新中式吗？"其实并不单纯如此。东方美学是一种思潮与态度，并不被具体表现形式所限制，一些恰到好处的纹理、色彩的把控甚至是器物之型都可以将东方美学展示得淋漓尽致。反观其根本，对于中庸的追求，进退有度方显东方美学本色。

本案设计摒弃了常规新中式对于木格栅、黄色或者红木色的搭配，利用公共区域的深色与私密空间的淡色在格局上营造了太极黑白搭配的基调，同时，利用挂画与饰物，从各个细节处营造出东方之美，最后以道而御之。

本方案为首个回音设计工作室双设计师搭配设计完成的方案，设计之前经过内部多次讨论与自我推翻后，最终定稿并完成最终方案，使之能在有限时间内达到最好的效果。

本案整体空间设计，取自道之感悟"一是无，二是有。一生二，二归一。一生二归交合而生的三就是德，就是自然。一是阳，二是阴。阳授阴，阴受阳。阳授阴受交合而生的旋转就是德能，就是自然"。

玄关

进门设置玄关景，此空间主要作用就是奠定基调，不管让业主家还是客人，进来的时候都有庄重感。（图6-68）

客厅

南墙同酒店造景设计，以石材衬底，对于造型进行聚光衬托。整个空间采用护墙板铺贴。U型沙发设计，皮质光面沙发部分凸显皮质的原始纹理，皮质磨砂沙发部分以黑色磨砂效果为主，以不同灰度的面料设计电视背景墙，独具东方美感的精致。（图6-69、图6-70）

图6-68

图6-69

图6-70

餐厅

以金属走边的柜体足见业主家对于审美的功底。大幅面的简约壁炉与灰镜面设计。八人餐桌呼应壁炉的石料材质，不过在餐椅选配时以白色软面的款式中和此处材质的刚强，达到刚柔并济这个东方独有理念。

书房

开放式工作区间。此处开始对于柜体可以添置光源。从地面开始完成由深到浅的转化。（图6-71）

图6-71

主卧

靠窗摆设书桌。对于家具来说，选择忌夸张的花格，东方韵不是堆砌新中式，部分现代风格的家具一样可以融入空间内。床头背景以梅暗喻业主家的"梅花香自苦寒来"，为整体空间奠定基调。（图6-72、图6-73）

图6-72

图6-73

儿童房

床头背景与客厅电视对应。暖色系利于儿童成长，对于家具部分的选择以柔软、温润为挑选原则。（图6-74、图6-75）

次卧

整体户型至白的定色之处，此处为离开黑色处最远的地方。空间以轻中式设计，挂画、款式甚至是床品配色都体现了业主家对于东方美学的思考。（图6-76、图6-77）

图6-74

图6—75

图6—76

图6—77

南阳台

不封窗，保留开放式设计。此处空间为休闲娱乐与户外观景用，考虑到雨雪对材质表面的影响，选定用黄色。（图6—78）

图6—78

扫一扫看全景漫游。

作品名称：130方色彩的家

设计师：刘夏

设计说明

客餐厅在入户门旁摆放半高储物柜，保证空间的通透性，又起到阻隔视线的作用，储物柜可放置鞋和随手物品，大大提高空间的利用率。客厅吊顶采用无顶灯设计，投影仪使用毫无障碍。利用墙面柱体，设计嵌入式搁板及书桌，规划独立的工作区域。开放式厨房可以扩大厨房和餐厅的利用空间，吧台设计也可以满足女主的吧台控。（图6—79～图6—81）

图6—79

图6—80

图6—81

卧室床头隔板可放置投影仪，梳妆台一侧墙面，可作为投影墙使用。（图6-82）

图6—82

扫一扫看全景漫游。

作品名称：HORMONE荷尔蒙

设计师:晏宇　实创杯·酷家乐校园家居创意大赛二等奖

设计说明

城市青年公寓应该是万花筒一般的存在，这里容纳了五光十色的人。两个大学同学，一个是热爱运动的男生，一个是艺术型青年，一动一静，一文一武，他们的共同点是善于交际，都希望拥有个人的一片空间。整个室内黑白相撞，充满了荷尔蒙与艺术气息，点缀的红色是激情的象征，原木材质符合心灵，几何元素的运用提升了空间的视觉效果，灯光的照射明暗交替，使室内品质更显质感。（图6-83～图6-88）

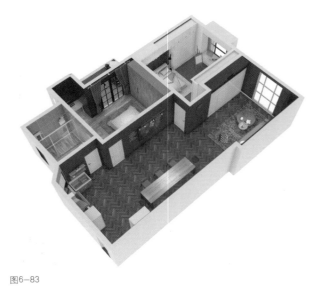

图6—83

图6—86

图6—84

图6—87

图6—85

图6—88

扫一扫看全景漫游。

作品名称：东方雅居

设计师：王凌云

客厅

　　客厅整体颜色低调温馨，使用深色木质家具，压住整个空间，配以金属线条休闲椅和沙发单椅，以及黑色烤漆电视柜，低调中不失奢华，凸显现代中式混搭风格特点，体现了业主的生活品位。增加橙色跳色，使空间活泼，韵律感十足。（图6-89～图6-92）

主卧

　　主卧整体色调延续了客餐厅的元素，以黑檀为主，床头背景墙配以大幅印花，烘托中式复古氛围，窗帘与背景墙相呼应，更和谐；红色鼓凳做点缀，烘托中式氛围。（图6-93）

图6-90

图6-91

图6-89

图6-92

图6-93

多功能室

多功能室既是餐厅，又是休闲工作区，展示柜的使用，满足了业主对于展示藏品的需求，还增加了储物空间。（图6-94）

图6-94

扫一扫看全景漫游。

作品名称：低调内敛的生活美学

设计师：刘刚　苏瑞北京易尚国际设计总监

设计说明

整体风格以现代为基础的风格中加入了轻工业风格的调子，整体配色以灰色调子为基准，融入暖色饰面板做补充，原电视背景墙太短，格局稍做了些改动，以中间的镂空隔断一边做了背景墙，另一边巧妙地做成了玄关，运用现代感的结构造型，结合镂空造型营造了工业风家居独有的灵魂，又能透过开放式的设计释放出开阔的生活场所，赋予了另类的工业感，又平衡了空间的冷调。（图6-95~图6-99）

图6-95

图6-96

图6-97

图6-98

图6-99

扫一扫看全景漫游。

作品名称：风情田园

设计师：崔晶晶　回音设计工作室

设计说明

白色加木纹彰显活跃中的沉稳，不乏生活中的乐趣。开放式的客厅设计不仅有利于整个空间保持宽敞明亮，也让空间看起来更加豪华大气。卧室主要以浅暖色调铺陈，利用家具、灯饰、陈设使室内变得更加细腻温暖。清新靓丽的美式田园风情。（图6-100～图6-107）

图6-100

图6-101

图6—102

图6—103

图6—104

图6—105

图6—106

图6—107

扫一扫看全景漫游。

作品名称：简——LUPA

设计师：余绪慧　实创杯·酷家乐校园家居创意大赛三等奖

客餐厅

本案以现代简约为主题，以白色、黑色、灰色、木色的运用，营造一种简约舒适的氛围，一种既华丽静谧又具时尚特色的视觉效果。（图6-108～图6-111）

主卧

设置地台，使得空间拥有更多的储物空间。（图6-112）

图6-109

图6-110

图6-108

图6-111

图6-112

次卧

席地而坐，最简单的休息方式。（图6-113、图6-114）

图6-113

图6-114

卫生间

简洁、光洁是追求一种极致的美。（图6-115）

图6-115

扫一扫看全景漫游。

作品名称：美式生活

唐茜　回音设计工作室　设计师

设计说明

每天沉浸在朝九晚五的生活中，拖着疲惫的灵魂穿行在繁华的街角，回到藏满生活点滴的家，总是让人不经意地泛起笑容。本案运用美式风格，虽然没有欧式的烦琐，也没有现代的简约，色彩与质材的相遇，美感与线条的搭配，谱写出空间的旋律，不经意间传递出业主所追求的自由自在，随意不羁的生活方式。浪漫温馨的暖冬，给业主带来一种清新、安静之美。（图6-116～图6-118）

图6-116

图6-117

图6-118

扫一扫看全景漫游。

作品名称：与工业邂逅的现代

崔升升　实创杯·酷家乐校园家居创意大赛一等奖

设计说明

两位刚刚毕业的艺术系90后，一位热爱美术，一位热爱摄影与骑行，有着旅游的共同爱好，热爱艺术、热爱生活，不喜浮夸繁杂的心，稳重又张扬。木材与铁艺，诠释不羁灵魂。户型改造采用铁艺与木材的柜架，铁艺栅格做隔断分区，避免了过多的墙体改建，主卧和客餐厅公共墙体与次卧进户门墙体做平齐，客餐厅窗户处做简单弧形地台，可用于公共休闲。（图6-119、图6-120）

主卧

主卧室规划出了一个工作台，以及定制地柜、书柜，兼书房功能。卧室背景墙以及小面积的吊顶运用木饰面板，简单的黑色脚线勾勒，增强空间线条感。简单的八块薄木板裁边装订出的图案简洁时尚。抱枕、绿植进行软化，还预留出小摄像师的作品展示墙。（图6-121、图6-122）

次卧

首先看到的是一整面手绘墙，配以简单的吊顶造型、工业风衣架，双抽铝箱，简单的灯饰和大软床，避免了厚重感却又不觉简单。预留出大片区域做绘画空间，选择该衣架避开了使用日常衣柜会"堵"的现象，多的是随意、随心。（图6-123）

图6—119

图6—122

图6—120

图6—123

图6—121

扫一扫看全景漫游。

作品名称：遇·见

设计师：张猛　实创杯·酷家乐校园家居创意大赛二等奖

设计说明

当你静坐在夏日的树荫下，犹如粉色蔷薇般静静开放，我始终记得当时的芬芳和彼此间的不言而喻。现代的简约之美，留恋的北欧韵味，一直是设计过程中需要平衡把握的重点。现代美学的去繁就简，将少即是多的理念贯彻至底，带来了足够的、纯粹的休闲空间，以及可以与小伙伴们一起做手工的多功能大餐桌。适时融入的北欧元素恰到好处地落笔，在空间中缓缓晕开，相得益彰。（图6-124）

图6-125

图6-124

生活中总有心心念念不愿放手的物件，家不仅是生活的场所，亦是梦想的载体，每一处生活的地方，都有自己点滴的缩影，毕竟心之所至，情之所在。（图6-125～图6-131）

图6-126

图6-127

图6-128

图6-129

图6-130

图6-131

扫一扫看全景漫游。

作品名称：月地云阶

设计师：陈建伟

客餐厅

不以电视为中心的客厅挑空，一个承载记忆的大平方容器，在这里把这些年满是故事的经历静静存起，不辜负过往的光阴。（图6-132～图6-134）

主卧

主卧宽敞大气，高级灰软包拉缝床头背景，内设卫生间和衣帽间成独立套房，私密功能性兼具。（图6-135）

次卧

精致紧凑的次卧室选浅色家具可增加空间的亮度，原木色转角书桌椅组合可以很好地融合室内环

境，阅读学习之后，推开窗，眺望远景，缓解疲劳。（图6-136）

图6-132

图6-133

图6-134

图6-135

图6-136

扫一扫看全景漫游。

作品名称：工装案例之Qhealth inno lab

设计师：Innotopia空间规划局

设计说明

Qhealth inno lab是定位在新医疗大健康领域的联合办公，服务2—8人的初创团队；在360平方米的空间满足多种办公需求，着实是一个挑战。（图6-137）

图6-137

空间规划局的设计师凭借丰富的联办设计经验，将办公、会议、路演、休闲等多种功能灵活组合，深度挖掘"新医疗健康"元素，推出了以"旋转森林"为主题的空间，给创业者提供了一个处于城市之间，绿色、自然、舒适的办公环境。（图6-138、图6-139）

图6-138

图6-139

从方案设计、720°ＶＲ全景模型、施工的全流程服务，建成后与模型几乎一致的效果，得到了客户的高度认可；一键转发的720°ＶＲ全景模型，也为业主在之后的招商中，提升了效率。（图6-140）

图6-140

扫一扫看全景漫游。

作品名称：工装案例之红视子文化传播

设计师：Innotopia空间规划局

设计说明

"红视子——看不完的创意视频，取不尽的创意资源"这句话充分体现了红视子的企业精神：不断前行，孵化出创新思维。（图6-141）

图6-141

Innotopia空间规划局套系产品"骑士精神"，基于"烈马精神"而研发的空间形式，带着对马独特的信仰，踏破一切困难的勇气。（图6-142）

图6-142

"骑士精神"的情感定位和风格形式得到了客户的强烈共鸣，并迅速达成合作共识；空间规划局在"骑士精神"的基础上，将红视子的企业文化内核贯穿始终，打造了独一无二、开放自由、艺术感十足的办公空间。（图6-143）

600平方米的Loft空间，从方案设计、720°VR全景、施工的全流程服务，建成后与模型几乎一致的效果，得到了客户的高度认可。（图6-144）

图6-143

图6-144

扫一扫看全景漫游。

结语 >>

当你看到这里，我要祝贺你！不管你是否意识到，你现在比你的大多数小伙伴更了解如何使用这款软件了，你一定可以用更少的时间和更好的效果去表达自己的设计方案。实际上，我们在本书中跟你分享的那些小贴士、窍门、技巧和设计制作原则，都不比你花大价钱聘请的培训老师差。你没有理由不使用它们并收获由此带来的回报。

多年的设计经验帮助我更深入地了解酷家乐工具的使用，让我能从职业设计师的角度去选择用什么功能和工具去表现，怎么样做才会是最好的效果。同时，大学的学习经历，也让我更好地了解应该怎样站在教育的角度去传达知识，让年轻的学生可以无障碍地学会酷家乐，而不至于感觉很艰涩。

创意与科技永远是一对好伙伴，好的创意一定需要科技来支撑，来实现。酷家乐作为一个新时代云设计工具的代表，它的成长速度是惊人的，更快更多更强大的功能接踵而至，如果我们不能在这股浪潮还没有起来的时候就抓住它、掌握它，那么当这股浪潮之巅到来之际，我们注定会被时代所抛弃。

最后的最后，我想说，不管酷家乐如何强大，它毕竟还只是一款工具，如何更好地用它辅助我们的学习、工作，做出如本书中收录的优秀精美方案效果，都离不开大量的练习，"看看激动，想想感动，事后不动"的事情不管在什么领域结果都是一样的。

很感激你阅读完这本书，希望它能得到你赞赏，也真诚地希望它对你有所帮助。哪怕是微不足道的帮助，也会使我们很开心！如此，我们付出的努力才有价值。

我们将不断努力，为你的设计提供更好的技术保障！

杨易